台风业务和服务规定

（第四次修订版）

中国气象局

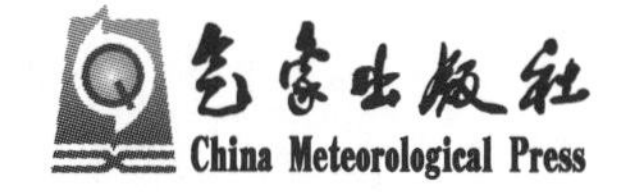

图书在版编目(CIP)数据

台风业务和服务规定/中国气象局编. —北京：气象出版社，2012.9

ISBN 978-7-5029-5572-4

Ⅰ.①台… Ⅱ.①中… Ⅲ.①台风-业务②台风-气象服务 Ⅳ.①P444

中国版本图书馆 CIP 数据核字(2012)第 226117 号

Taifeng Yewu he Fuwu Guiding

台风业务和服务规定

中国气象局

出版发行：气象出版社

地　　址：北京市海淀区中关村南大街 46 号　　**邮政编码：**100081

总 编 室：010-68407112　　**发 行 部：**010-68406961

网　　址：http://www.cmp.cma.gov.cn　　**E-mail：** qxcbs@cma.gov.cn

责任编辑：张锐锐　　**终　　审：**汪勤模

封面设计：詹辉　　**责任技编：**吴庭芳

责任校对：华鲁

印　　刷：北京中新伟业印刷有限公司

开　　本：787 mm×1092 mm　1/16　　**印　　张：**5.75

字　　数：150 千字

版　　次：2012 年 9 月第 1 版　　**印　　次：**2012 年 9 月第 1 次印刷

定　　价：30.00 元

第四次修订版说明

台风是夏半年对我国有重要影响的天气系统。沿海的省(区、市)都有可能受到台风的直接影响。台风对我国的影响有不利的一面,也有有利的一面。准确、及时的台风预报和预警可以起到趋利避害的作用。《台风业务和服务规定》是在多年国内台风联防协作和多年国际台风业务试验的基础上制订的,成为气象工作的一项业务规章制度。该规定自 1985 年制定并实施以来,随着我国气象现代化建设的发展和台风业务、服务的变化,经三次补充修改。现为适应我国台风监测、预报和服务业务的发展,有效地组织实施并加强台风观测、预报、服务等综合业务的管理,进一步提高台风预报服务的能力和水平,更好地满足气象服务需求,同时加强台风业务的行业管理,再次对已出版的《台风业务和服务规定(第三次修订版)》进行了补充修订,于 2012 年 5 月下发文件《关于印发台风业务和服务规定的通知》(气发〔2012〕38 号)开始执行,1991 年版本同时作废。

中国气象局预报与网络司
2012 年 5 月

目 录

第一章　总　则

1. 以服务为宗旨，努力提高服务效益

台风的预报服务工作要以为经济社会可持续发展和人民福祉安康提供优质服务为宗旨，按照"面向生产、面向民生、面向决策"的总体要求，坚持"以人为本、无微不至、无所不在"的服务理念，以科技进步为支撑，不断强化防御和减轻台风气象灾害的能力。

受台风影响的沿海地区和部分内陆地区的各级气象台应将台风作为台风季节预报和服务的重点工作，通过提高预报的准确性和时效性、增强服务的敏感性和主动性、改进服务方式及提高预警和灾害评估水平等手段，努力提高台风预报服务效益，取得最佳预报服务效果。

2. 加强组织协调，强化联防协作

台风的预报服务工作应注重在分工负责的基础上做好组织协调和联防协作。气象部门上下之间、省区之间、台站之间都要从做好台风预报服务出发，树立整体观念，发扬主动精神，加强联系合作。上游台站对下游台站、上级台站对下级台站应通过积极主动提供监测、预报和指导信息实现联防协作，进一步强化台风预报服务的整体性。

3. 加强跟踪监测，适时增加观测密度

台风的预报服务工作应以加强跟踪监测为基础。对进入我国海上监测预警区域的台风，应严密监测和分析台风动向，并适时开展加密观测，为台风定位和路径预报提供最新的实况信息，也为相关的研究积累必要的资料和信息。加密观测应以兼顾省级、国家级和国际情报交换的需求为原则，注重统一组织和统筹安排。加密观测应纳入各级气象台的正常业务，其指令和信息传输应按有关规定优先考虑。

4. 加强预报分析，努力提高预报精度

台风的预报工作应贯彻"多种方法、综合分析"的原则。加强卫星、雷达等多种监测资料综合应用，以数值预报和动力统计预报技术发展为支撑，强化台风定位、定强分析和预报，提高疑难和异常路径台风的预报能力，提升定位、定强质量，努力提高台风预报的精细化和准确率。

5. 加强预警服务，努力提升服务效果

台风的预报服务工作应立足需求，坚持早准备、早会商、早汇报及预报忌窄忌死的"三早两忌"原则，及时开展对当地政府的决策服务和对公众的预警预报服务，并根据天气变化及时滚动更新监测预报服务信息。台风服务应注重监测预报和灾害影响评估相结合，加强预报服务的及时性、准确性和针对性，努力提升服务效果，发挥预报服务的整体效益。

6. 加强业务管理，不断强化制度建设

台风预报服务工作应以加强业务管理为基础。沿海各级气象台站应结合业务发展和当地服务需求，不断建立完善相关的制度和措施保障，并根据各地不同的地域和气候特点、台风的影响程度，制定和完善针对台风预报和服务的应急预案。加强制度执行情况的监督，以保证台风预报服务工作紧张有序地开展，努力使台风造成的灾害损失减少到最小。

7. 本业务规定中的"台风"包括热带风暴、强热带风暴、台风、强台风和超强台风。

第二章　编号与定位

2.1　生成于热带或副热带洋面上，具有有组织的对流和确定的气旋性环流的非锋面性涡旋统称为热带气旋。根据《热带气旋等级》国家标准（GB/T19201－2006）*，热带气旋分类的具体中英文名称及风速范围规定为：

(1)热带低压（Tropical Depression）：热带气旋底层中心附近最大平均风力 6～7 级（10.8～17.1 m/s）；

(2)热带风暴（Tropical Storm）：热带气旋底层中心附近最大平均风力 8～9 级（17.2～24.4 m/s）；

(3)强热带风暴（Severe Tropical Storm）：热带气旋底层中心附近最大平均风力 10～11 级（24.5～32.6 m/s）；

(4)台风（Typhoon）：热带气旋底层中心附近最大平均风力 12～13 级（32.7～41.4 m/s）；

(5)强台风（Severe Typhoon）：热带气旋底层中心附近最大平均风力 14～15 级（41.5～50.9 m/s）；

(6)超强台风（Super Typhoon）：热带气旋底层中心附近最大平均风力 16 级或 16 级以上（51.0 m/s 或其以上）。

2.2　国家气象中心对出现的热带低压和台风进行编号，编号规定如下：

2.2.1　在 48 h 警戒线内（见附件 2-1）出现的中心附近最大平均风力达到 6～7 级的热带低压，按照其出现的先后次序进行热带低压编号。编号用 4 个字符表示，前两个字符“TD”为热带低压英文首字母缩写，后两个字符表示序号。例如：2009 年出现的第三个达到编号标准的热带低压应编为“TD03”。热带低压编号仅供气象部门内部使用，对公众只提低压（可在低压前加注出现的海域），不提编号，以免引起混淆。

2.2.2　在经度 180°以西、赤道以北的西北太平洋和南海海面上（见附件 2-1）出现的中心附近最大平均风力达到 8 级或其以上的台风，按照其出现的先后次序进行编号。编号用 4 个字符表示，前两个字符表示年份，后两个字符表示出现的先后次序。例如：2009 年出现的第 5 个达到编号标准的台风应编为“0905”。

2.2.3　由台风减弱后的热带低压，仍维持原台风的编号和命名，直至停止编号。

---

* ①国际规定的低压区（热带气旋中心位置不能精确确定，中心附近最大平均风力小于 8 级），我国暂不使用；

②国际规定热带低压的标准是：中心附近最大平均风力小于 8 级，我国仍规定为 6～7 级；

③国际规定为 10 min 平均风速，我国因测风设备条件所限，仍沿用 2 min 平均风速，以蒲福风级表示；

④1996 年 11 月在美国迈阿密召开的热带气旋计划（TCP）区域专业气象中心技术合作会建议将热带风暴和强热带风暴合并，称热带风暴。

2.3　国家气象中心负责确定热带低压和台风的中心位置。

2.3.1　台风中心位置进入 48 h 警戒线前，每天进行 00、06、12、18 时(世界时，下同)4 次定位；进入 48 h 警戒线后，台风每天进行 00、03、06、09、12、15、18、21 时 8 次定位，热带低压每天进行 00、03、06、09、12、15、18、21 时 8 次定位。

2.3.2　当台风中心位置进入 24 h 警戒线(见附件 2-1)后，每天进行逐小时的 24 次定位。

2.3.3　热带低压定位后用"热带低压实况和预报电码"(见附件 2-2)编发定位报，且仅发布 24 h 预报；台风定位后则用"台风实况和预报电码"(见附件 2-3 和 2-4)编发定位报。

2.3.4　为避免因定位误差而影响预报精度，在定位报中可增发前 6 h、前 12 h 的更正位置(见附件 2-3 第三段)，供内部使用。对外服务仍以原来的位置为准，只有在定位误差很大，可能造成不良影响时才能使用更正位置，并说明是更正位置。

2.3.5　台风进入 24 h 警戒线前，每次定位报(包括预报)须在正点后 1 h 内发出，进入 24 h警戒线后，每次定位报(不包括预报)应在正点后 15 min 内发出，包括预报的定位报须在正点后 1 h 内发出；热带低压的每次定位报(包括预报)须在正点后 1 h 内发出。

2.3.6　台风和热带低压登陆后的中心位置由该台风和热带低压所在省(区、市)气象台在正点后 10 min 内向国家气象中心报告，最后由国家气象中心确定。台风和热带低压登陆后一般不提中心附近最大风力，只提最大风力；最大风力为外围观测到的最大风速，中心最低气压为中心附近观测到的地面最低气压；登陆后一般不编发 7 级和 10 级大风半径。

2.3.7　台风登陆后，如仍维持热带风暴以上强度，每天进行逐小时的 24 次定位；如减弱为热带低压，则每天进行 00、03、06、09、12、15、18、21 时 8 次定位。热带低压登陆后，如仍维持热带低压强度，每天进行 00、03、06、09、12、15、18、21 时 8 次定位。

2.3.8　当台风移出编号区域或中心附近最大平均风力已减弱到 6 级以下且无严重天气时，停止编发台风实况和预报。在停编前国家气象中心应尽量与有关省(区、市)气象台沟通。台风停编后，各级气象台站仍须加强监视。

2.4　国家气象中心负责确定台风和热带低压的登陆地点、时间和强度。

2.4.1　台风和热带低压的登陆地点由国家气象中心与该台风和热带低压登陆省(区、市)的气象台协商后，由国家气象中心最终确定。登陆点精确到县(或县级市)并明确具体时间。国家气象中心应在编号台风登陆后 15 min 内及时编发登陆报(见附件 2-3 第一、四段)。除台湾、舟山、香港、海南、崇明岛以外，我国沿海其他岛屿都不作为登陆地点处理。热带低压登陆后不编发登陆报。

2.4.2　台风和热带低压登陆地点和强度确定的依据以地面观测资料为主，雷达或卫星资料为辅。

2.4.3　台风的二次登陆地点、时间和强度的确定及发布规则同 2.4.1 和 2.4.2。二次登陆的确定以下面三种情况为准：①当台风在台湾、舟山、香港、海南、崇明岛登陆后，再次登陆我国沿海地区；②当台风在除杭州湾、长江口以外的某省(区、市)某一海湾沿海登陆后，其中心重新移入海面，再次在另一海湾沿海登陆。③当台风在杭州湾或长江口一侧沿海登陆后，其中心重新移入海面，再次在杭州湾或长江口另一侧沿海登陆。

2.4.4　台风多次登陆地点、时间和强度确定及发布规则同 2.4.3。

2.4.5　当台风在我国台湾、香港或澳门登陆时，国家气象中心不编发台风登陆报。

2.4.6　各级气象台站进行服务时，必须以国家气象中心确定的热带低压和台风登陆地点、时间和强度(包括二次及多次登陆地点和时间)为准。未经国家气象中心确认的热带低压和台风登陆地点、时间和强度,不得用于对外服务。

2.5 国家气象中心负责制作并提供台风的卫星指导报

2.5.1 国家气象中心负责实时监视西北太平洋和南海海域的台风活动,及时进行卫星定位,并用“气象卫星云图资料的天气说明报告电码”(见附件 2-5)编发卫星指导报,每天 8 次(00、03、06、09、12、15、18、21 时);热带低压不编发卫星指导报。

2.5.2 台风卫星指导报须在正点后 30 min 内发出。

2.6 各级气象台站公开发布的台风预报、预警和警报中必须统一使用国家气象中心确定的编号、中心位置和中英文命名。

2.7 国家气象中心不负责定位的时次,各省(区、市)级气象台可根据需要自行定位并通知本省(区、市)内的有关气象台站。省(区、市)内各级气象台站如公开发布不属于国家气象中心定位时次的台风预报、预警和警报时,应统一使用本省(区、市)级气象台所确定的中心位置。

2.8 通过海事卫星、海岸电台和无线电传真广播播发的预报、预警和警报中应加发国际编号* 和英文命名(见附录一、二)。按国内编号、国际编号(应加括号)和英文命名的先后次序排列。如果国内编号与国际编号相同时,国际编号不能省略不发。

---

* ①1980 年世界气象组织/亚太经社理事会(WMO/ESCAP)台风委员会第 13 届会议决定,委托区域专业气象中心——东京台风中心对经度 180°以西、赤道以北的西北太平洋和南海海面上出现的中心附近最大风力(或用 10 min 的平均风力)达到 8 级的热带气旋进行编号。编号用 4 个数码,方法与本规定相同;

②1997 年世界气象组织/亚太经社理事会(WMO/ESCAP)台风委员会第 30 届会议决定就西北太平洋和南海热带气旋采用具有亚洲风格名字的建议展开研究,并指派台风研究协调小组(TRCG)研究执行的细节。1998 年世界气象组织/亚太经社理事会(WMO/ESCAP)台风委员会第 31 届会议批准了西北太平洋和南海热带气旋命名方案,委托东京台风中心在给热带气旋编号的同时命名。新的热带气旋命名方法从 2001 年 1 月 1 日开始执行;

③中央气象台和香港天文台、澳门地球物理暨气象台经过协商,确定了一套统一的中文命名。

附件2-1　台风编号、定位及警戒区图

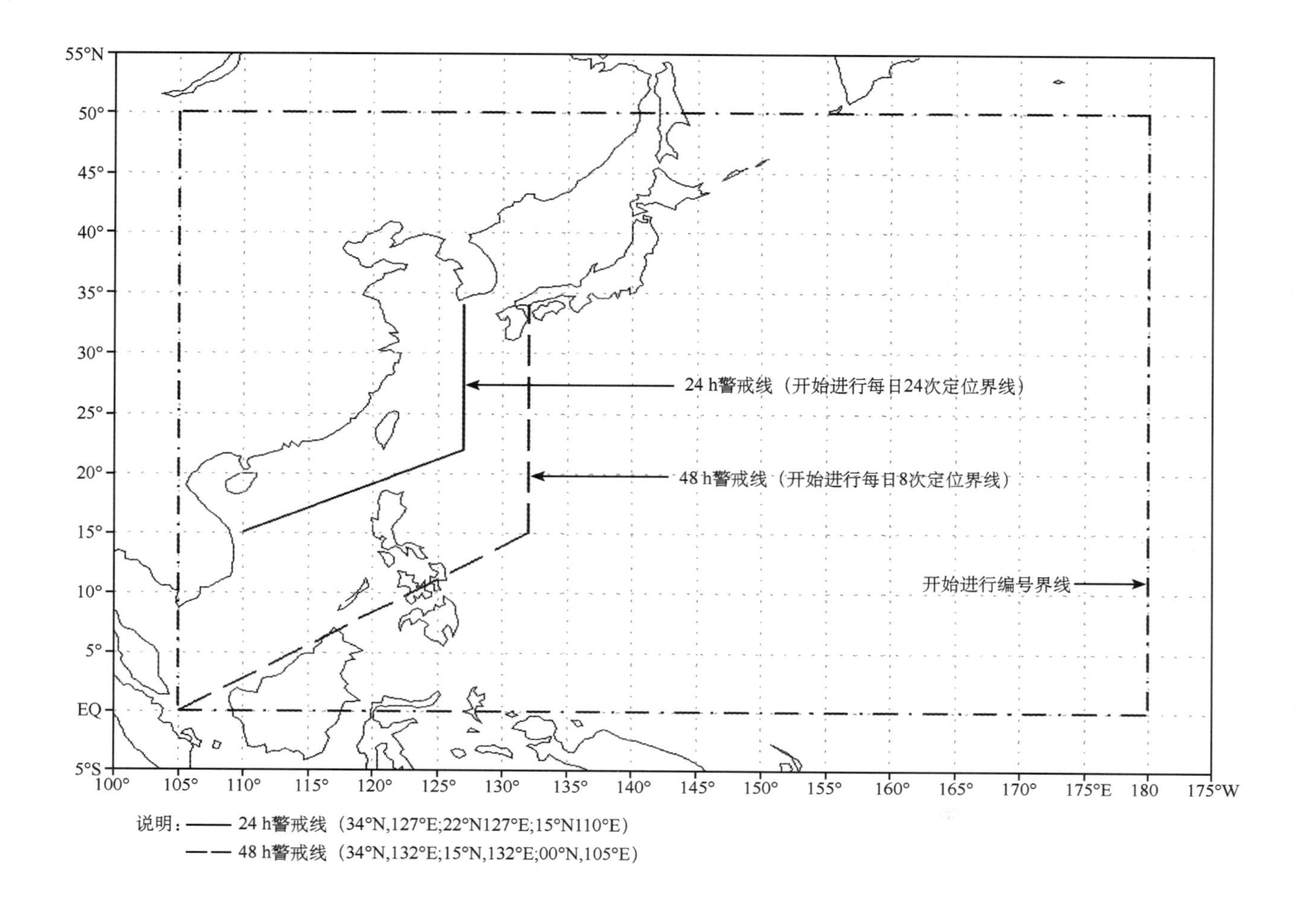

附件 2-2　国家气象中心热带低压实况和综合预报电码

1. 电码形式

WTPQ20 BABJ YYGGgg

SUBJECTIVE FORECAST

TD NN INITIAL TIME $Y_1Y_1G_1G_1g_1g_1$UTC

00HR $L_aL_a.L_a$N $L_OL_OL_O.L_O$E PPPPhPa FFm/s GUST FFm/s

P12HR $M_dM_dM_dM_vM_v$km/h

P+12HR $L_aL_a.L_a$N $L_OL_OL_O.L_O$E PPPPhPa FFm/s

P+24HR $L_aL_a.L_a$N $L_OL_OL_O.L_O$E PPPPhPa FFm/s

2. 示例

WTPQ20 BABJ 170000

SUBJECTIVE FORECAST

TD 01 INITIAL TIME 170000UTC

00HR 23.4N 125.6E 1000hPa 15m/s GUST 18m/s

P12HR WNW 15 km/h

P+12HR 23.8N 124.5E 1000hPa 15m/s

P+24HR 24.3N 123.5E 998hPa 18m/s

附件 2-3 台风实况和预报电码

1. 电码形式

1.1 第一段

$T_1T_2A_1A_2ii$ CCCC YYGGgg

1.2 第二段

TT NAME NNNN($N_1N_1N_1N_1$) $Y_1Y_1G_1G_1g_1g_1$ UTC

00HR $L_aL_a.L_aN$ $L_oL_oL_o.L_oE$ PPPhPa FF m/s

50kts rrkm ($Q_1r_1r_1$km $Q_2r_2r_2$km)

30kts rrkm ($Q_1r_1r_1$km $Q_2r_2r_2$km)

1.3 第三段

$$\left\{\begin{array}{l}\text{TT NAME NNNN}(N_1N_1N_1N_1)\,Y_1Y_1G_1G_1g_1g_1\ \text{UTC}\\ \text{00HR}\ L_aL_a.L_aN\ \ L_oL_oL_o.L_oE\ \ \text{PPPhPa}\ \ \text{FF}\ \ \text{m/s}\end{array}\right\}^*$$

P－6HR $L_aL_a.L_aN$ $L_oL_oL_o.L_oE$ PPPhPa FF m/s

P－12HR $L_aL_a.L_aN$ $L_oL_oL_o.L_oE$ ……… ………

1.4 第四段

(TT NAME NNNN($N_1N_1N_1N_1$))*

LANDED ON IIIII$Y_2Y_2G_2G_2g_2g_2$ UTC(ff m/s)

1.5 第五段 Objective Forecast

$$\left\{\begin{array}{l}\text{TT NAME NNNN}(N_1N_1N_1N_1)\,Y_1Y_1G_1G_1g_1g_1\ \text{UTC}\\ \text{00HR}\ L_aL_a.L_aN\ \ L_oL_oL_o.L_oE\ \ \text{PPPhPa}\ \ \text{FF}\ \ \text{m/s}\end{array}\right\}^*$$

MMM

P06HR $L_aL_a.L_aN$ $L_oL_oL_o.L_oE$ (PPPhPa FF m/s)

P12HR ………… ………… (……… ………)

P18HR ………… ………… (……… ………)

P24HR ………… ………… (……… ………)

P30HR ………… ………… (……… ………)

P36HR ………… ………… (……… ………)

P42HR ………… ………… (……… ………)

P48HR ………… ………… (……… ………)

P54HR ………… ………… (……… ………)

P60HR ………… ………… (……… ………)

P66HR ………… ………… (……… ………)

P72HR ………… ………… (……… ………)

P78HR ………… ………… (……… ………)

P84HR ………… ………… (……… ………)

P90HR ………… ………… (……… ………)
P96HR ………… ………… (……… ………)
P102HR ………… ………… (……… ………)
P108HR ………… ………… (……… ………)
P114HR ………… ………… (……… ………)
P120HR ………… ………… (……… ………)

1.6 第六段 Subjective Forecast

$\left\{\begin{array}{l}\text{TT NAME NNNN}(N_1N_1N_1N_1)\quad Y_1Y_1G_1G_1g_1g_1\quad \text{UTC}\\ \text{00HR } L_aL_a.L_aN\ L_oL_oL_o.L_oE\quad \text{PPPhPa}\quad \text{FF}\quad \text{m/s}\end{array}\right\}^{*}$

P12HR $M_dM_dM_dM_vM_v$ **

P+12HR $L_aL_a.L_aN$ $L_oL_oL_o.L_oE$ $\left\{\begin{array}{l}\text{PPPhPa}\quad \text{FF}\quad \text{m/s}\\ \text{50kts rrkm}(Q_1r_1r_1\text{km } Q_2r_2r_2\text{km})\\ \text{30kts rrkm}(Q_1r_1r_1\text{km } Q_2r_2r_2\text{km})\end{array}\right\}$

P+24HR …………… …………… {……… ……… ………}
P+36HR …………… …………… {……… ……… ………}
P+48HR …………… …………… {……… ……… ………}
P+60HR …………… …………… {……… ……… ………}
P+72HR …………… …………… {……… ……… ………}
P+96HR …………… …………… {……… ……… ………}
P+120HR …………… …………… {……… ……… ………}

1.7 第七段

(PROGNOSTIC REASONING
…… plain language)

2. 说明

2.1 各段含义:

(1)第一段为报头,必须编发。$T_1T_2A_1A_2ii$ 为 WTPQ20,对国内外发报均用此报头。国家气象中心和各省(区、市)单独编发台风路径预报的报头格式见附件5-1。

(2)第二段为台风中心位置和强度实况。

(3)第三段为前6 h、前12 h的位置(强度)。

(4)第四段为登陆地点、时间和登陆时最大风速。

(5)第五段为客观预报。

(6)第六段为综合预报。

(7)第七段为预报理由。

2.2 第二段至第七段可同时编发,也可以分别编发。若同时编发,注有“*”的部分可省略;若分别编发,注有“*”的部分,国家气象中心不能省略,省(区、市)气象台(研究所)可省略。

2.3 未注有“*”的括号内的内容可根据需要选择编发。

2.4 符号含义:

CCCC　　编发台风字母代号,按《气象信息网络传输业务手册》有关规定编码。

YYGGgg　　广播的日期、时间。

$Y_1Y_1G_1G_1g_1g_1$	台风实况的日期、时间。
$Y_2Y_2G_2G_2g_2g_2$	台风登陆的日期、时间。
TT	热带气旋等级名称缩写(超强台风 SUPER TY;强台风 STY;台风 TY; 强热带风暴 STS;热带风暴 TS;热带低压 TD)。
NAME	台风的英文命名,未命名时为 NAMELESS。
NNNN	国家气象中心的台风编号。
$N_1N_1N_1N_1$	台风的国际编号。
$L_aL_a.L_a$	台风纬度位置。
$L_oL_oL_o.L_o$	台风经度位置。
PPPhPa	台风的中心气压,以 hPa 为单位。
FF m/s	台风中心附近最大风速,以 m/s 为单位。
50kts rrkm	50 n mile/h 大风圈半径,以 km 为单位。
30kts rrkm	30 n mile/h 大风圈半径,以 km 为单位。
Q_1	风圈最大半径所在象限。
Q_2	风圈最小半径所在象限。
ff m/s	台风登陆时沿海的最大风速。
IIIII	台风登陆县、省的名称(用汉语拼音)。
−12HR 00HR 12HR ……	前 12 h、当时、未来 12 h、…指示组。
MMM	为各种客观预报方法的缩简符号,见下表:

研制单位	方法名称	缩简符号
国家气象中心	国家气象中心台风数值预报模式	TMBJ-1
上海台风研究所	上海台风数值预报模式	SHTM
上海台风研究所	西北太平洋台风强度统计预报	WIPS
上海台风研究所	西北太平洋台风路径客观集成预报	STC
上海台风研究所	GRAPES_TCM 台风数值预报	GRAPES_TCM(SGTM)
上海台风研究所	西北太平洋台风强度气候持续性预报	TCSP
上海台风研究所	西北太平洋台风强度偏最小二乘气候持续预报	PLSC
江苏省气象台	概率圆法台风路径决策预报	JSPC
广州热带海洋气象研究所	中国南海台风模式	GZTM
广西壮族自治区气象局	南海区域台风路径(强度)遗传神经网络预报	ANNGA
沈阳大气环境研究所	辽宁台风数值预报模式	LNTCM

$M_dM_dM_d$	台风中心移动方向,以 16 方位表示。
M_vM_v	台风中心移动速度,以 km/h 为单位。

2.5　如果客观预报方法没有台风路径预报,只使用台风中心附近最大风速作为热带气旋

强度预报结果，则第五段报文使用以下格式。

Objective Forecast

$\left\{\begin{array}{l}\text{TT NAME NNNN}(N_1N_1N_1N_1)Y_1Y_1G_1G_1g_1g_1 \quad \text{UTC} \\ \text{00HR } L_aL_a.L_aN\ L_oL_oL_o.L_oE \text{ PPPhPa FF m/s}\end{array}\right\}^*$

MMM

W06HR　FF m/s

W12HR　…………

W18HR　…………

W24HR　…………

W30HR　…………

W36HR　…………

W42HR　…………

W48HR　…………

W54HR　…………

W60HR　…………

W66HR　…………

W72HR　…………

W78HR　…………

W84HR　…………

W90HR　…………

W96HR　…………

W102HR …………

W108HR …………

W114HR …………

W120HR …………

附件 2-4　国家气象中心台风实况和综合预报电码

1. 电码形式

WTPQ20 BABJ YYGGgg

SUBJECTIVE FORECAST

TT NAME NNNN($N_1N_1N_1N_1$)INITINAL TIME $Y_1Y_1G_1G_1g_1g_1$UTC

00HR $L_aL_a.L_aN$ $L_OL_OL_O.L_OE$ PPPhPa FFm/s GUST FFm/s

30 KTS　rr km

50 KTS　rr km

P—06HR $L_aL_a.L_aN$ $L_OL_OL_O.L_OE$ PPPhPa FFm/s

P—12HR $L_aL_a.L_aN$ $L_OL_OL_O.L_OE$ PPPhPa FFm/s

P12HR $M_dM_dM_d$ $M_vM_v$km/h

P+12HR　$L_aL_a.L_aN$ $L_oL_oL_o.L_oE$ PPPhPa FFm/s

P+24HR　$L_aL_a.L_aN$ $L_oL_oL_o.L_oE$ PPPhPa FFm/s

P+36HR　$L_aL_a.L_aN$ $L_oL_oL_o.L_oE$ PPPhPa FFm/s

P+48HR　$L_aL_a.L_aN$ $L_oL_oL_o.L_oE$ PPPhPa FFm/s

P+60HR　$L_aL_a.L_aN$ $L_oL_oL_o.L_oE$ PPPhPa FFm/s

P+72HR　$L_aL_a.L_aN$ $L_oL_oL_o.L_oE$ PPPhPa FFm/s

P+96HR　$L_aL_a.L_aN$ $L_oL_oL_o.L_oE$ PPPhPa FFm/s

P+120HR $L_aL_a.L_aN$ $L_oL_oL_o.L_oE$ PPPhPa FFm/s

2. 示例

WTPQ20 BABJ 160000

SUBJECTIVE FORECAST

STS NOGURI 0801(0801)INITINAL TIME 160000UTC

00HR 13.1N 113.2E 985Pa 25m/s GUST 30m/s

30 KTS 200km

50 KTS 80km

P12HR WNW 15km/h

P+12HR　15.0N　111.7E　980hPa　30m/s

P+24HR　16.4N　110.5E　975hPa　33m/s

P+36HR　17.7N　109.7E　980hPa　30m/s

P+48HR　18.8N　109.1E　985hPa　25m/s

P+60HR　19.7N　109.1E　985hPa　25m/s

P+72HR　20.7N　109.2E　990hPa　23m/s

P+96HR　22.3N　110.1E　995hPa　18m/s

P+120HR 23.8N　111.6E　1000hPa　12m/s

附件 2-5　FM85-IX SAREP——气象卫星云图资料的天气说明报告电码

1. 电码形式

A 部

$$M_iM_iM_jM_jYYGGg\begin{cases}IIiii\\ 99L_aL_aL_a\quad Q_cL_oL_oL_oL_o\end{cases}$$

气旋名称(如无名称注明:NAMELESS)$n_tn_tL_aL_aL_a$　$Q_cL_oL_oL_oL_o$　$1A_tW_fa_tt_m$　$2S_tS_t//$　($9d_sd_sf_sf_s$)

D…D

B 部(略)

注　解

(1)SAREP 是气象卫星云图资料的天气说明报告电码的名称。

(2)陆地测站的 SAREP 报告用 M_iM_i=CC 作为标志,海洋测站的 SAREP 报告用 M_iM_i=DD 作为标志。

(3)电码形式分成两部分,每个部分均可编报成一份单独的报告。

部分	标志字母(M_jM_j)	内容
A	AA	台风的情报
B	BB	重要天气特征的情报

2. 说明

2.1　概述

2.1.1　报告中一概不编报电码名称 SAREP。

2.1.2　编报本报告的卫星接收站的位置,必须使用 IIiii 或 $99L_aL_aL_a$　$Q_cL_oL_oL_oL_o$ 组表示。

2.1.3　船舶呼号 D…D 仅在海上卫星接收站的 SAREP 报告中编报。

2.2　A 部

2.2.1　A 部用于编报台风所属云团的说明。

2.2.2　气旋照片拍摄时间须用 YYGGg 组编报。

2.2.3　只要有气旋的名称,就必须编报。

2.2.4　各台风必须依次用 n_tn_t 顺序编号。在该气旋存在或可辨期间 SAREP 报告编报站须一直使用这个号码。

2.2.5　云团或台风中心的位置或气旋眼的位置须用 $n_tn_tL_aL_aL_a$　$Q_cL_oL_oL_oL_o$ 组编报。

2.2.6　测得台风中心的移动时,即须在报告中用 $9d_sd_sf_sf_s$ 组予以编报。

2.2.7　当在同一张照片上发现有两个或两个以上的台风,并且要在同一次报告中编报时,须重复使用 $n_tn_tL_aL_aL_a$　$Q_cL_oL_oL_oL_o$　$1A_tW_fa_tt_m$　$2S_tS_t//$　($9d_sd_sf_sf_s$)等组,以编报每

个台风。对已命名的台风，还应冠以名称。

符号含义

电码	A_t 台风地理位置定位的精确度(0152 电码表)	W_f 台风密闭云区的平均直径(4536 电码表)	a_t24 h 内台风强度的明显变化(0252 电码表)	t_m 计算台风移动的时间间隔(4044 电码表)
0	气旋中心在所报位置的 10 km 以内	<1 个纬距	很明显减弱	<1 h
1	气旋中心在所报位置的 20 km 以内	1～<2 个纬距	明显减弱	1～<2 h
2	气旋中心在所报位置的 50 km 以内	2～<3 个纬距	无明显变化	2～<3 h
3	气旋中心在所报位置的 100 km 以内	3～<4 个纬距	明显加强	3～<6 h
4	气旋中心在所报位置的 200 km 以内	4～<5 个纬距	很明显加强	6～<9 h
5	气旋中心在所报位置的 300 km 以内	5～<6 个纬距	不用	9～<12 h
6		6～<7 个纬距	不用	12～<15 h
7		7～<8 个纬距	不用	15～<18 h
8		8～<9 个纬距	不用	18～<21 h
9			之前没有观测	21～<30 h
/	定位精确度不明		不明	不报移动组

S_tS_t　台风的强度(3790 电码表)

电码	现时强度*(CI 指数)	最大持续风速(n mile/h)	最大持续风速(m/s)
00	衰减		
15	1.5	25	13
20	2	30	15
25	2.5	35	18
30	3	45	23
35	3.5	55	28
40	4	65	33
45	4.5	77	39
50	5	90	46
55	5.5	102	52
60	6	115	59
65	6.5	127	65
70	7	140	72
75	7.5	155	79
80	8	170	87
99	向温带气旋转变		
//	不明		

注：* 根据卫星云图确定现时强度 CI 指数的方法见 WMO-NO. 305——《全球资料加工系统指南》。

第三章　加密观测

3.1　当台风靠近我国时，可依相关规定组织“地面气象观测站”（以下简称地面站）和“高空气象观测站”（以下简称高空站）在常规观测外，临时增加观测时次，并根据台风的活动情况增加卫星资料的接收时次。

3.2　国家气象中心依相关规定对加密观测提出需求或指令。

3.3　各省（区、市）气象局根据相关指令负责组织本省内的加密观测并及时将加密观测资料传至国家气象信息中心。国家气象信息中心应及时收集加密观测资料，并分发给国家气象中心、各省（区、市）气象局和相关业务用户。

3.4　地面加密观测

3.4.1　沿海的广西、广东、海南、福建、浙江、上海、江苏、山东、河北、天津、辽宁省（区、市）和内陆的江西、湖南、安徽、湖北、河南、云南省的全部地面站，原则上都要承担地面加密观测任务。其中国家级自动气象站必须担负加密观测和资料传输任务，区域气象观测站由所在省（区、市）气象局确定其任务，原则上应与省内灾害性天气联防站网一致。

3.4.2　人工地面站担负的地面加密观测资料每小时上传一次（待综合观测司取消人工观测业务后也取消台风人工地面加密观测）。国家级自动气象站担负的地面加密观测资料每10 min上传一次，要求传输时效为“＜HH＋5 min”，其数据格式为现行自动气象站数据文件格式。

3.4.3　国家气象中心只在需要时向省（区、市）气象台发布地面加密观测指令。观测指令一般采用传真方式（见附件3-1和附件3-2），在以传真方式发出指令的同时，以NOTES发出指令。地面加密指令发布后，必须电话确认，收方应发回执予以确认（见附件3-3）。各省（区、市）气象局负责本省（区、市）地面加密观测指令的发布，承担加密观测的气象台站按照本省（区、市）气象局的指令行事。

3.5　高空加密观测

3.5.1　沿海的广西、广东、海南、福建、浙江、上海、江苏、山东、河北、天津、辽宁省（区、市）和内陆的江西、湖南、安徽、湖北、河南、云南省的全部高空站，原则上都要承担加密高空气象观测和发报任务。加密高空气象观测一般是增加06、18时（世界时）的观测和发报，如有特殊需要时可临时增加其他时次的观测。

3.5.2　加密高空气象观测的观测申请、指令发布、业务实施和指令解除等组织实施工作根据《加密高空气象探测管理办法》（气办发[2009]37号）执行，但遇紧急情况时或非工作时间，可根据实际情况，适当补充、灵活掌握。

3.5.3　加密高空气象观测一般由国家气象中心提出申请（申请表见附件3-4），中国气象局综合观测司组织进行。各省（区、市）气象局根据业务需要，也可组织安排本省（区、市）的高空站进行加密高空气象观测，并报中国气象局综合观测司备案。

3.5.4　加密高空气象观测的申请应说明具体的加密原因、加密站点名称、加密时次、加密开始时间和结束时间，经本单位负责人审核签署意见后送中国气象局综合观测司。申请加密高空气象观测时要充分考虑通信传输、台站准备等因素，申请一般应在第一个加密时次的12 h前提出。

3.5.5　在加密高空气象观测实施过程中因故需要对加密时间和内容进行变更的，须重新申请。

3.5.6　加密高空气象观测按照常规高空气象观测业务的要求进行观测、编报和传输，L波段探空系统还需上传基数据和监控信息，加密高空气象观测资料与定时高空气象观测资料一起汇交和存档。

3.6　沿海及相关内陆省雷达站的天气雷达监测

3.6.1　当台风中心进入沿海各省(区、市)雷达站的有效扫描范围后，沿海各雷达站都要承担对台风及其引发的暴雨和其他强对流天气的监测；内陆各雷达站也要随时监测暴雨和局地强对流天气等。

3.6.2　沿海省(区、市)的雷达站编报规定

(1)沿海各雷达站，凡能判断出海上台风的中心位置时，必须于逐小时正点前 10 min 内确定中心位置，并立即编发 FFAA 报(编码格式见附件 3-5)。

(2)探测到较强降水或中小尺度天气系统回波时，立即按国内现行雷达电码编发 FFBB 报(编码格式见附件 3-5)。

(3)当上述探测到的回波的强度、移速等有明显变化时应续发 FFBB 报，如无明显变化则不必续发。

3.6.3　各省(区、市)气象局可根据本省(区、市)的实际需要，或应邻省(区、市)气象局的要求，或根据雷达区域联防的规定，分别制定雷达站编发雷达探测报告的补充规定。

3.6.4　FFAA 报应在正点前发出。FFAA 和 FFBB 同时编发时，先发 FFAA 报后发 FFBB 报。

3.7　卫星加密观测

3.7.1　国家卫星气象中心和沿海各省(区、市)气象局在台风季节应加强卫星云图的接收，根据年度加密观测计划和业务主管部门加密观测指令增加接收时次。

3.7.2　国家卫星气象中心在加密观测期间，单星观测为每半小时提供一次观测云图，双星观测为每 15 min 提供一次卫星云图。

3.7.3　国家卫星气象中心和上海、广州区域中心气象台在有台风时应密切注意日本静止气象卫星播发内容的变化。当发现播发时次增加或变更时应及时通知沿海有关气象台。

3.7.4　国家卫星气象中心应将定位所需的卫星信息及时准确地传送到国家气象中心。各省(区、市)气象局的卫星云图接收单位也要根据台风预报的需要，以最高时效为预报提供云图资料。

3.8　加密指令是实施加密气象观测的行动命令。发布加密指令既要严格遵守业务规定，又要根据实际情况灵活掌握。执行指令必须严格认真、准确无误。

3.9　发布台风加密观测指令要充分考虑到通信传输、台站准备等因素，尽量争取提前发布。一般加密高空气象观测指令应在启动加密观测前 12 h、地面加密观测应在启动加密观测前 6 h 发布。如一时难以确定，可先发布预备指令。各省(区、市)气象台可根据实际情况自定。

3.10　应建立并严格执行加密观测指令交接登记制度。

3.10.1　国家气象中心和省级气象台的预报与通信单位之间，应建立指令交接登记，包括交接人员签名和记录交接时间等。

3.10.2　省级气象台应建立接转指令的时效统计(即从收到国家气象中心指令到向台站发出指令之间的时效)，在该次台风结束后报送国家气象信息中心。

3.10.3　承担加密观测任务的气象台站都应建立接收指令的登记，包括接收到指令的日期、时间(具体到分钟)、台站接收指令报的人员姓名。台站在该次台风结束后将收到指令的日期、时间报送省(区、市)气象台。

3.10.4　省(区、市)气象信息中心应及时统计和分析指令的传输时效和存在的问题，研究改进措施。

附件 3-1　地面加密观测指令

国家气象中心发布　　　　　　　　　　　　　签发：

指令编号：______年______号
指令发布时间：______年______月______日______时______分
加密观测启动时间：______年______月______日______时______分

需进行自动站加密观测的省（区、市）：

自动站每 10 min 上传一次加密资料。

（注释：上述时间均用世界时表示）
抄送：国家气象信息中心

联系电话：010-58995808
传真：010-62172909　62172962

附件 3-2　地面加密观测终止指令

国家气象中心发布　　　　　　　　　　　　签发：

执行单位：

______

国家气象中心发布的______年______号指令
将于______年______月______日______时______分终止执行。

发布时间：　年　月　日　时　分

（注释：上述时间使用世界时）

抄送：国家气象信息中心

联系电话：010-58995808
传真：010-62172909　62172962

附件 3-3　地面加密观测(终止)指令回执

国家气象中心：

地面加密(终止)指令(______年第______号)于______月______日______时______分收到，已通知有关台站。

特发此回执。

______省气象局

承办人：　　　　联系电话：

______月______日______时______分

附件 3-4　加密高空气象探测申请表

申请单位：　　　　年第________号

加密原因：
拟加密探空站名称及所在省(区、市)：
加密时次：
加密开始时间： 加密结束时间：
申请单位负责人审核意见： （签字） ______年______月______日

承办人：　　　　联系电话：

______年______月______日______时

附件 3-5　FM20-VIII-RADOB——地面雷达天气报告电码

1. 电码形式

1.1　FFAA

FFAAYYGGg { IIiii
　　　　　　　{ $99L_aL_aL_a$　$Q_cL_oL_oL_oL_o$

$4R_wL_aL_aL_a$ $Q_cL_oL_oL_oL_o$ $A_cS_cW_ca_cr_t$ $t_ed_sd_sf_sf_s$

DDDD

1.2　FFBB

第一段　FFBB YYGGg { IIiii
　　　　　　　　　　{ $99L_aL_aL_a$　$Q_cL_oL_oL_oL_o$

　　　　$e_tW_eI_ea_eH_e$　bbbrr　bbbrr　……　bbbrr　$t_ed_sd_sf_sf_s$　/999/

　　　　……　……　……　……　……　……　……

第二段　51515 区域规定的电码组

第三段　61616 国家规定的电码组

　　　　DDDD

2. 编报规定

2.1　RADOB是世界气象组织规定的地面雷达天气报告电码的名称。雷达站发报时一律不编报此字码。

2.2　FFAA 和 FFBB 是陆地测站的雷达天气报告的识别标志。

FFAA 表示用 FM20-VIII 电码形式编报的雷达天气报告中的 A 部(台风的情报)。各雷达站发报时必须编报此识别组。通信中心在汇总同一类的雷达天气报告后,只需在这些报告之前用一个识别组即可。

FFBB 中从 $e_tW_eI_ea_eH_e$ 到/999/各组,用来编报每个具有某种重要特征的回波系统。如果要编报的这种系统不止一个时,则须按需要重复编报 $e_tW_eI_ea_eH_e$ 到/999/各组。

2.3　只要观测到台风的回波型,就要编发 A 部报。

2.4　雷达设备失灵时,编报 FFAA YYGGg IIiii /////

2.5　雷达天气报告一律用世界协调时编报。

3. 符号内容及编报方法

3.1　YYGGg 组　用来编报雷达探测的日期、时间组(指取资料结束时间)。

3.1.1　YY 日期

3.1.2　GGg 时间,以 h 和 10 min 为单位。其中 g 按以下规律编报:

g	所表示的 10 min
0	00
1	01～10

续表

g	所表示的 10 min
2	11～20
3	21～30
4	31～40
5	41～50
6	51～59

3.2　IIiii 组　雷达站的区站号。用国内统一规定的区站号编发。

3.3　$4R_wL_aL_aL_aQ_cL_oL_oL_oL_o$ $A_cS_cW_ca_cr_t$ $t_ed_sd_sf_sf_s$ 组　台风中心或眼的位置。

3.3.1　4　指示码

3.3.2　R_w雷达的波长。按以下规定编报

电码	雷达波长(mm)
1	10～<20
3	20～<40
5	40～<60
7	60～<90
8	90～<110
9	≥110

3.3.3　$L_aL_aL_a$探测到的台风中心或眼所在的纬度，以 0.1°为单位。

3.3.4　Q_c探测到的台风中心或眼所在的地球象限。按照我国所处的地理位置所能探测到的台风中心的位置，都编报 1。

3.3.5　$L_oL_oL_oL_o$探测到的台风中心或眼所在的经度，以 0.1°为单位。

3.4　$A_cS_cW_ca_cr_t$ 组　台风中心或眼的大小、发展和相对位置。

3.4.1　A_c台风中心或眼的定位的精确度。按以下规定编报：

电码	台风中心或眼的定位精确度
1	观测到清晰的眼，精确度好(误差在 10 km 以内)
2	观测到大部分眼壁回波，精确度较好(误差在 30 km 以内)
3	观测到少部分眼壁回波，精确度较差(误差在 50 km 以内)
4	未见到眼，根据螺旋带确定，精确度好(误差在 10 km 以内)
5	未见到眼，根据螺旋带确定，精确度较好(误差在 30 km 以内)
6	未见到眼，根据螺旋带确定，精确度较差(误差在 50 km 以内)
7	未见到眼，根据螺旋带外推得出
/	精确度不明

3.4.2　S_c眼的形状和清晰度。按以下规定编报：

电码	眼的形状和清晰度	
0	圆形	轮廓清晰
1	椭圆形——短轴≥长轴长度的 3/4	轮廓清晰

续表

电码	眼的形状和清晰度	
2	椭圆形——短轴＜长轴长度的 3/4	轮廓清晰
3	明显双眼	轮廓清晰
4	其他形状	
5	不定的或轮廓不清晰	
/	不能确定	

3.4.3　W_c　眼的直径或长轴长度(回波壁的内径)。按以下规定编报：

电码	眼的直径或长轴长度
0	＜5 km
1	5～＜10 km
2	10～＜15 km
3	15～＜20 km
4	20～＜25 km
5	25～＜30 km
6	30～＜35 km
7	35～＜40 km
8	40～＜50 km
9	50 km
/	不明

3.4.4　a_c　观测前 30 min 内眼的倾向。按以下规定编报：

电码	观测前 30 min 内眼的倾向
0	过去 30 min 内刚看到眼
1	眼的特征或大小无显著变化
2	眼变小，而特征无其他显著变化
3	眼变大，而特征无其他显著变化
4	眼变得不清楚，而大小无显著变化
5	眼变得不清楚，且变小
6	眼变得不清楚，且变大
7	眼变得更清楚，而大小无显著变化
8	眼变得更清楚，且变小
9	眼变得更清楚，且变大
/	眼的特征和大小的变化不能确定

3.4.5　r_t观测到的最外层螺旋(云)带的末端至台风中心的距离(直线距离)。按以下规定编报：

电码	距离
0	0～＜100 km
1	100～＜200 km

续表

电码	距离
2	200～<300 km
3	300～<400 km
4	400～<500 km
5	500～<600 km
6	600～<800 km
/	可疑或待定

3.5 $t_e d_s d_s f_s f_s$ 台风中心或眼(或回波区)的移动情况组。

3.5.1 t_e 计算台风中心或眼(或回波区)移动的时间间隔。按以下规定编报:

电码	时间间隔
3	前 15 min
4	前 30 min
5	前 1 h
6	前 2 h
7	前 3 h
8	前 6 h
9	前 6 h 以上
/	未测定

3.5.2 $d_s d_s$ 台风中心或眼(或回波区)的移动方向。以 10 为单位编报,个位数四舍五入。移向静止时编“00”;不明时编“//”。

3.5.3 $f_s f_s$ 台风中心或眼(或回波区)移动的速度。以 n mile/h 为单位编报。

3.6 $e_t W_e I_e a_e H_e$ 组

3.6.1 重要特征的形式、大小、强度、发展和高度,须用 $e_t W_e I_e a_e H_e$ 组编报。

3.6.2 回波型的倾向 a_e 须在约 1 h 的时段(不长于 90 min,不短于 30 min)内估测。

3.6.3 回波强度 I_c 须以 e_t 所报的最强回波的强度编报。

3.6.4 如果观测到回波区或回波带,则须编报 e_t 所报的能看到的最高回波顶。

3.7 bbbrr(99rrr)组

3.7.1 根据是否足以描述出重要特征,须使用一组或若干组 bbbrr,以表示回波中心的方位和距离,或回波区周围各点的方位和距离,或回波带各点的方位和距离。

3.7.2 回波距离≥500 km 时,须编报 rr=99,随后编报一组 99rrr,其中,rrr 同样也须以 5 km 为单位编报。

3.8 /999/组

每个重要特征描述的编报均须以/999/结尾。

第四章　通信传输

4.1　有关热带低压和台风的实况和预报警报、加密观测资料、雷达观测和飞机探测资料以及卫星云图定位报等统称为台风报。

4.2　热带低压和台风报被列为优先等级，其传输通过地面宽带网和卫星通信网进行，具体传输流程详见第4.5条，相关传输目录、文件名等详见附件4-1。

4.3　热带低压和台风加密观测资料的传输规定

4.3.1　地面加密观测报的传输报头格式为SNCI40 CCCC；其中CCCC为集中编报台(省台)的字母代号。

4.3.2　自动站加密观测资料的传输文件名及传输格式与常规自动站资料相同。

4.3.3　高空加密观测报的传输报头格式与常规高空报相同。

4.3.4　热带低压和台风加密观测资料的传输时限要求详见附件4-2。其传输质量的检查和考核由各省(区、市)气象局负责。

4.3.5　国家气象信息中心在收到各级气象台站的加密观测资料后，应立即通过卫星广播和局域网分发给各级气象台站及相关用户，并按规定经GTS电路转发给我国港澳地区和有关国家。同时，经GTS电路收集的有关国家和地区的加密观测报，也应立即转发国内有关气象台站。

4.3.6　加密观测资料原则上只在气象部门内部传输，一般不对外提供。

4.4　热带低压和台风实况及预报的传输规定

国家气象中心编发的热带低压和台风实况及预报(报头为：WTPQ20 BABJ)，所有时次均通过“中国气象局卫星数据广播系统(CMACast)”广播。

4.5　热带低压和台风报的传输流程

4.5.1　上行传输流程

热带低压和台风报的上行传输流程与常规气象资料的上行传输流程相同，通过地面宽带网传输。在地面宽带网异常情况下，应立即采取应急通信传输方式传输。

4.5.2　下行传输流程

热带低压和台风报的下行传输流程主要通过“中国气象局卫星数据广播系统(CMA-Cast)”广播，其中热带低压和台风实况及预报还通过地面宽带网络调用。

4.6　我国台湾、香港、澳门及国外热带低压和台风报的接收

4.6.1　国家气象信息中心通过GTS负责接收日本转发的我国台湾、香港、澳门及国外热带低压和台风警报。

4.6.2　广州区域气象信息中心负责接收香港转发的台湾航空天气报告以及香港、澳门播发的热带低压和台风警报。

4.6.3　国家气象信息中心和广州区域气象信息中心收到上述热带低压和台风警报、飞机

探测报告以及航空天气报告后，应及时分发至有关台站。

4.7　热带低压和台风报的交接和监测

4.7.1　各级气象信息中心与本级预报单位之间，应建立严格的台风报交接制度，要有交接登记簿，包括人员姓名、时间和报类，以明确职责。

4.7.2　各级气象信息中心应严格执行第 3.10 条的规定，建立指令报和收据报的传输登记。

4.7.3　各级气象信息中心都要对加密观测资料进行实时监测，其要求如下：

(1)实时监测的主要内容是监测加密观测资料的传输时效和缺漏情况；

(2)各省级气象信息中心对台站加密观测资料的上传情况要建立消站制度，以便及时发现资料缺漏情况；

(3)如出现有资料缺漏或资料有差错，应立即查询，并向领导或业务管理部门反映，以便采取措施补救；

(4)各省级气象信息中心在每次台风过程结束后 10 天内，向国家气象信息中心填报“热带低压和台风加密观测资料传输时效统计表”(见附件 4-3)。

附件 4-1　热带低压和台风资料传输规定

全国各类热带低压和台风资料的传输目录、文件名、报类等编码规定如下：

发送目录	文件名	报文范围	包括报类(TT)	报类说明
MSG 上行	WPYYGGgg. CCC	国内	BB、NO、WP、WO、WS、WH、WT、WW、SA、SB、SC、SN	BB:指令报收据电报 NO:加密观测指令报 WP:台风路径预报 WS:台风开始/结束编发的通知 WH:台风登陆预报 WT:台风客观预报 WO:其他各类警报 WW:警报和天气综述 SA:航危(或机场的场地报告) SB:地面雷达站天气报告(A部) SC:地面雷达站天气报告(B部) SN:地面加密观测报
MSG 下行	WXYYGGgg. CCC	国内、国外	BB、NO、WP、WO、WS、WH、WT、WE、WW、SA、SB、SC、SD、SP、SF、SE、SO、SN	BB:指令报收据电报 NO:加密观测指令报 WP:台风路径预报 WS:台风开始/结束编发的通知 WH:台风登陆预报 WT:台风客观预报 WE:海啸预报及实况 WO:其他各类警报 WW:警报和天气综述 SA:航危(或机场的场地报告) SB:地面雷达站天气报告(A部) SC:地面雷达站天气报告(B部) SD:地面雷达站天气报告(C部) SP:特殊天气报告 SF:大气报告 SE:地震报告 SO:海洋资料 SN:地面加密观测报

附件 4-2　各类热带低压和台风加密气象资料传输时限规定

资料内容	及时报	逾限报	缺报	备注
地面(SN 报,人工观测)	≤HH+15	<HH+60	≥HH+60	每小时 1 次时
加密自动站数据资料	≤HH+5	<HH+10	≥HH+10	每 10 min 1 次时
高空风(UP)	≤HH+80	<HH+720	≥HH+720	高空风(A 部)
高空风(UG、UH、UQ)	≤HH+120	<HH+720	≥HH+720	高空风(B、C、D 部)
探空(US)	≤HH+60	<HH+720	≥HH+720	探空(A 部)
探空(UK、UL、UE)	≤HH+120	<HH+720	≥HH+720	探空(B、C、D 部)

注:表中所列时间均为世界时(UTC),其中“HH”为按规定每个观测时次或开始观测的时间。

附件 4-3　热带低压和台风加密观测资料传输质量统计表

____号台风(或热带低压)加密观测资料传输时效统计表

省别：

统计时间：自　　月　　日　　　　　时至　　　　　月　　日　　时

报类	应发报站次	及时报		逾限报		缺报	
		站次	百分率	站次	百分率	站次	百分率
自动站资料							
高空资料							
合计							

填表说明：

①此表是对台风加密观测资料的传输时效统计；此表分为两种表式，一种为传输时效统计，一种为缺报统计。如无缺报只填一种表式即可。

②此表表头前的“省别”需填写各省(区、市)名称；“统计时间”填加密观测的起止时间；表中“应发报站次”是指应发报的站数×应发报的时次；“合计”栏是填全省(区、市)汇总结果。

____号台风(或热带低压)加密观测资料传输缺报统计表

省别：

统计时间：自　　月　　日　　　　　时至　　　　　月　　日　　时

区站号	资料类别	站次	日期/时次/原因
合计			

填表说明：

①此表是台风加密观测资料传输缺报统计。

②表头前的“省别”需填写各省(区、市)名称，“统计时间”填加密观测的起止时间；表中“区站号”是填发生缺报的区站号；“站次”是填缺报的站数×缺报的时次；“日期/时次/原因”是填发生缺报的日期、时次以及原因；“合计”栏是填全省(区、市)缺报的汇总结果，只需填汇总站次即可。

第五章　分析和预报

5.1　国家气象中心、国家卫星气象中心与上海、广州区域中心气象台以及沿海其他省(区、市)气象台站应按照分工，加强协作，共同严密监视热带低压和台风的生成、发展及其动向，努力提高热带低压和台风的分析和预报质量。

5.1.1　国家气象中心的职责

(1)提供热带低压和台风的中心位置、强度以及大风半径等；

(2)提供热带低压和台风的路径、强度等综合预报以及台风的路径和强度客观预报；

(3)当热带低压和台风接近或达到 48 h 警戒线(见附件 2-1)时，主动与上海、广州区域中心气象台或有关省(区、市)气象台会商，必要时直接与热带低压和台风可能登陆或影响地区的地(市)气象台进行会商，加强指导。

5.1.2　国家卫星气象中心的职责

(1)向国家气象中心和各级气象台站及时提供热带低压和台风分析及预报所需的气象卫星资料和产品；

(2)适时参加热带低压和台风的全国预报会商。

5.1.3　上海、广州区域中心气象台的职责

(1)当责任区内有热带低压和台风时，及时向国家气象中心提供定位、定强及预报意见；

(2)当热带低压和台风接近或达到 48 h 警戒线时，主动与本区域内的有关省(区、市)气象台或地(市)气象台进行会商；

(3)负责协助国家气象中心按照分工做好热带低压和台风的定位和预报以及对本区域内的有关省(区、市)气象台进行热带低压和台风预报的指导。

5.1.4　沿海省(区、市)气象台的职责

应严密监视可能影响本省(区、市)的热带低压和台风，有责任向所在区域的中心气象台和国家气象中心及时通报如下情况：

(1)本省(区、市)沿海气象台站观测到的一些能反映未来路径动向的征兆；

(2)本省(区、市)沿海气象台站观测到近海可能有热带低压和台风生成、发展的一些征兆；

(3)对热带低压和台风编号、定位或预报有重要参考价值的情报资料；

(4)热带低压和台风在本省(区、市)沿海登陆的具体地点、时间以及登陆时的风雨等实况；

(5)本省(区、市)气象台开始发布热带低压和台风的预报、警报后，按照附件 5-1 的规定编发热带低压和台风路径及强度综合预报以及台风路径和强度客观预报。如有需要，省级气象台站可增加编发时次。

5.2　各级气象台应加强本台内部和台与台之间的预报会商

5.2.1　当有热带低压和台风正在逐渐靠近并可能直接影响我国时，有关气象台都要做好随时会商的准备。

5.2.2　参加预报会商应持认真严肃的态度，明确、扼要地讲清预报思路、依据和结论，展开必要的讨论。

5.2.3　预报会商按照集体讨论、个人负责的原则，由会商主持者在认真总结分析各方意见后形成最终的、明确的预报结论。

5.3　国家气象中心以及沿海省(区、市)的各级气象台和海洋气象台均需建立热带低压和台风分析和预报流程。分析和预报程序可参看附录五所列的台风业务工作卡。各级台站应根据本台的任务和实际情况自行确定具体的形式、项目内容，并在实践中逐步充实完善。

5.4　在台风业务服务工作中应积极推广和应用台风科学研究成果。

5.4.1　凡新研制成功的客观预报方法准备参加气象广播或传输的，由研制单位写出技术报告，经所在省(区、市)气象局业务管理部门初审合格后，于每年全国台风及海洋气象专家工作组届会前一个月内向中国气象局预报与网络司提出书面申请。上报材料应包括技术报告、业务主管部门初审意见、专家推荐意见、试运行期间的质量评估或检验结果。技术报告的内容包括：

(1)基本原理和思路；

(2)性能，包括预报初始条件和使用中应注意的事项；

(3)试报的年份、次数(包括应计算次数和缺算次数及其原因)以及每次试报的预报位置和检验结果；

(4)凡属于改进后的方法，则需附有改进方法和原方法的对比分析和试报结果。

5.4.2　准备参加气象广播或传输的预报方法经全国台风及海洋气象专家工作组审定，符合以下条件的由中国气象局预报与网络司安排参加气象广播：

(1)有理论依据；

(2)根据连续一年的检验结果证明该方法相对于气候持续性方法具有正技巧水平或特殊性能的；

(3)业务预报能力($F=\dfrac{\text{给出预报结果的次数}}{\text{符合起始条件的次数}}\times100\%$)一年达到80%或其以上。

5.4.3　有关气象台(研究所)应对参加气象广播或传输的客观预报方法作出业务安排。只要达到起报条件而不管是否对本省(区、市)有影响，均需每天做出预报，每天的预报频次参见附件5-1。预报结果以“台风实况和预报电码”(见附件2-3)编报，并通过地面宽带网(传输规定见附件5-1)及时传给国家气象信息中心。

5.4.4　已参加气象广播或传输的客观预报方法，事先未经中国气象局预报与网络司同意，有关气象台(研究所)不得自行更换。

5.4.5　对已参加气象广播或传输的客观预报方法进行改进，如无新增预报产品的，在改进后应及时按5.4.1中有关技术报告的要求向中国气象局预报与网络司提供相应技术报告，并提交修改后的预报方法规格书(见附录七)进行备案；如改进后新增了预报产品，则应按新研制成功的客观预报方法根据以上5.4.1和5.4.2的规定进行申请和审定。

5.4.6　已参加气象广播或传输的客观预报方法，如连续两年出现以下情况之一者，经全国台风及海洋气象专家工作组审查后，由中国气象局预报与网络司通知停止广播：

(1)业务预报能力连续两年均为70%以下；

(2)两年内该方法24 h和48 h预报相对气候持续法均无正的预报技巧，且无特殊性能。

5.4.7 停止参加气象广播或传输的客观预报方法，以后经过改进如能达到 5.4.2 条规定的，可以申请重新参加气象广播。

5.5 各级气象台站应对每年出现的影响本责任区的热带低压和台风，及时做出预报技术和服务总结，认真分析热带低压和台风的活动概况、特点、气候背景，针对异常热带低压和台风做出个例分析，建立技术档案。

5.6 每年台风季节结束后，有关气象台(研究所)应对参加气象广播或传输的客观预报方法做出总结。如对原方法需作补充说明或改进时应写出书面材料报中国气象局预报与网络司。

5.7 台风分析和预报质量的评定

5.7.1 上海台风研究所负责按照台风分析和预报质量评定方法(见附件 5-2)，对参加气象广播或传输的分析和预报方法统一进行客观评定。

5.7.2 参加统一评定的单位(见附件 5-1)在每次台风结束后 10 天内，按照附件 5-3 的格式规定发送该台风预报结果的电子文档给上海台风研究所。发报率由上海台风研究所根据实时接收到的预报结果并参考该电子文档进行统计。

5.7.3 台风的分析和预报误差评定主要依据实时收到的数据。上海台风研究所应注意接收有关气象台编发的客观预报和综合预报，确保实时资料的获取。

5.7.4 全年质量评定的结果，经全国台风及海洋气象专家工作组审定后，由中国气象局预报与网络司向沿海各省(区、市)气象局通报，并由上海台风研究所在指定刊物上公布。

附件 5-1　热带低压和台风路径及强度预报通信传输规定

发报台名	文件名	报头格式 $T_1T_2A_1A_2ii$ CCCC	初始场时间(UTC)	传到北京截止时间(UTC)	预报方法名称
北京	WXYYGGgg. ABJ	WPTQ20　BABJ	0000,0100,0200,0300,0400,0500 0600,0700,0800,0900,1000,1100 1200,1300,1400,1500,1600,1700 1800,1900,2000,2100,2200,2300	0050,0150,0250,0350,0450,0550 0650,0750,0850,0950,1050,1150 1250,1350,1450,1550,1650,1750 1850,1950,2050,2150,2250,2350	国家气象中心综合方法
		WOCI42　BABJ	0000,0600,1200,1800	0600,1200,1800,0000	国家气象中心数值预报模式(TMBJ-1)
上海	WPYYGGgg. CSH	WOCI41　BCSH	0000,1200	0130,1330	上海综合方法
		WOCI42　BCSH	0000,0600,1200,1800	0700,1300,1900,0100	上海热带气旋数值预报模式(SHTM)
		WOCI43　BCSH	0000,1200	0600,1800	西北太平洋热带气旋强度统计预报(WIPS)
		WOCI44　BCSH	0000,1200	0900,2100	西北太平洋热带气旋路径客观集成预报(STC)
		WOCI45　BCSH	0000,0600,1200,1800	0700,1300,1900,0100	GRAPES_TCM 热带气旋数值预报(SGTM)
		WOCI46　BCSH	0000,0600,1200,1800	0300,0900,1500,2100	西北太平洋台风强度气候持续性预报(TCSP)
		WOCI47　BCSH	0000,0600,1200,1800	0300,0900,1600,2100	西北太平洋热带气旋强度偏最小二乘回归气候持续预报(PLSC)
南京	WPYYGGgg. ENJ	WOCI41　BENJ	0000,1200	0130,1330	江苏综合方法
		WOCI43　BENJ	0000,0600	0130,0730	概率圆法热带气旋路径决策预报(JSPC)
广州	WPYYGGgg. CGZ	WOCI41　BCGZ	0000,1200	0130,1330	广东综合方法
		WOCI43　BCGZ	0000,1200	0900,2100	中国南海台风模式 TRAMS(GZTM)
杭州	WPYYGGgg. EHZ	WOCI41　BEHZ	0000,1200	0130,1330	浙江综合方法

续表

发报台名	文件名	报头格式 $T_1T_2A_1A_2ii$ CCCC	初始场时间(UTC)	传到北京截止时间(UTC)	预报方法名称
福州	WPYYGGgg. EFZ	WOCI41 BEFZ	0000,1200	0130,1330	福建综合方法
海口	WPYYGGgg. EHK	WOCI41 BEHK	0000,1200	0130,1330	海南综合方法
南宁	WPYYGGgg. ENN	WOCI41 BENN	0000,1200	0130,1330	广西综合方法
		WOCI42 BENN	0000,1200	0230,1430	南海区域热带气旋路径(强度)遗传神经网络预报(ANNGA)
沈阳	WPYYGGgg. CSY	WOCI41 BCSY	0000,1200	0130,1330	辽宁综合方法
		WOCI42 BCSY	0000,1200	0900,2100	辽宁热带气旋数值预报模式(LNTCM)
济南	WPYYGGgg. EJN	WOCI41 BEJN	0000,1200	0130,1330	山东综合方法
天津	WPYYGGgg. ETJ	WOCI41 BETJ	0000,1200	0130,1330	天津综合方法
石家庄	WPYYGGgg. ESZ	WOCI41 BESZ	0000,1200	0130,1330	河北综合方法

附件 5-2 台风分析和预报质量评定方法

1. 说明

本办法用于全国统一进行的台风分析和预报质量评定。不参加统一评定的,由各省(区、市)气象局参照本办法自定。

1.1 由上海台风研究所根据实时收集的报文资料,按本方法的规定统一评定台风分析和预报质量。

1.2 参加统一评定的气象台(研究所),均须按照"台风预报结果报告表"(见附件 5-3)的格式填写并发送台风预报结果报表。

1.3 对日本、关岛和香港相应的台风分析和预报需同时进行质量评定。

1.4 评定结果于本年度全国台风及海洋气象专家工作组届会上,经专家工作组审定后由中国气象局预报与网络司向全国通报。

2. 评定项目和内容

2.1 各级气象台运用综合方法公开发布的台风预报结果。具体评定以各综合方法实际发布台风预报的预报时效和预报频次为准。

2.2 参加广播的各种客观预报方法的预报结果。具体评定以各客观预报方法实际发布台风预报的预报时效和预报频次为准。

2.3 定位评定

2.3.1 国家气象中心广播的各时次台风定位。

2.3.2 相应时次的卫星云图、雷达探测等定位。

2.4 预报评定

评定台风中心位置、登陆点、强度和风雨预报。中心位置和强度的评定依据为台风最佳路径;评定样本为每个热带气旋达到热带风暴及其以上级别的所有预报样本,未达到热带风暴级别样本不参与台风预报质量评定。

3. 误差计算

3.1 台风中心位置(定位或预报)误差评定

首先确定台风最佳路径,然后以位置误差、移向误差、移速误差和综合评定指标进行评定。

3.1.1 位置误差(ΔR)、移向误差($\Delta\alpha$)和移速误差(ΔSP)按以下公式进行计算(参见图 5-1):

$$\Delta R = 6731 \times \arccos\{\sin\varphi_F \sin\varphi_R + \cos\varphi_F \cos\varphi_R \cos(\lambda_F - \lambda_R)\} \quad (\mathrm{km})$$

$$\Delta\alpha = \arccos\{(\cos A - \cos B \cdot \cos C)/(\sin B \cdot \sin C)\} \quad (方位角度)$$

$$\Delta SP = 6371 \times \{\mathrm{arc}\cos B - \mathrm{arc}\cos C\}/\Delta t \quad (\mathrm{km/h})$$

式中:

$$\cos A = \sin\varphi_F \sin\varphi_R + \cos\varphi_F \cos\varphi_R \cos(\lambda_F - \lambda_R)$$

$$\cos B = \sin\varphi_F \sin\varphi_I + \cos\varphi_F \cos\varphi_I \cos(\lambda_F - \lambda_I)$$

$$\cos C = \sin\varphi_R \sin\varphi_I + \cos\varphi_R \cos\varphi_I \cos(\lambda_R - \lambda_I)$$

6371(km)是地球半径。

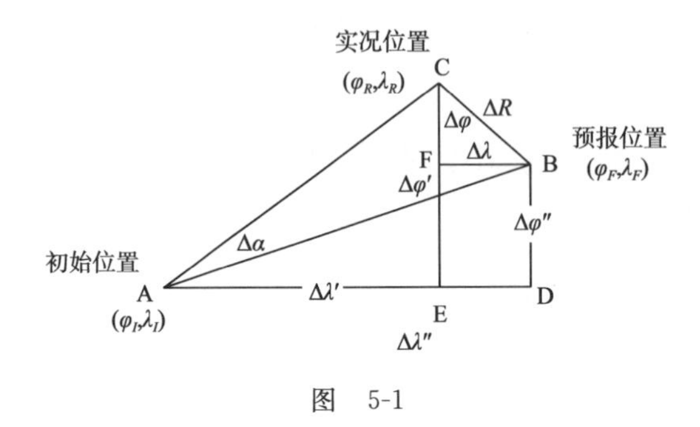

图 5-1

3.1.2 综合评定指标：综合考虑预报的距离稳定度、方向稳定度、有效稳定度、转型灵敏度、变速灵敏度、相对于气候持续法的技巧水平等各要素，再取以上 6 个要素的权重分别为 0.2、0.2、0.3、0.1、0.1、0.1，在此基础上得到一级综合评定指标。取 24 h 和 48 h 预报的一级综合评定指标的权重为 0.4、0.6，得到二级综合评定指标。其中 6 个要素具体定义及公式如下：

(1)距离稳定度(DS)：

选取距离上限 ε_h(h=24、48 小时等，下同)，将每个方法的 h 小时预报误差 e_h 与 ε_h 相比，凡 $e_h-\varepsilon_h\leqslant 0$ 者记为得分一次；否则，不得分。这样得：

$$DS_h=\frac{m_h}{M_h}$$

其中 m_h、M_h 分别为 h 小时预报得分数及总次数，$\varepsilon_{24}=200$ km，$\varepsilon_{48}=400$ km，$\varepsilon_{60}=600$ km 等。

(2)方向稳定度(PS)

设台风的实际位置为 $A(x,y)$，对应的预报位置为 $A'(x',y')$，x、x' 为纬度，y、y' 为经度。令

$$\begin{cases} x_{ij}=x_i-x_j, \quad x'_{ij}=x'_i-x'_j, \\ y_{ij}=y_i-y_j, \quad y'_{ij}=y'_i-y'_j, \quad i,j=0,24,48,60 \\ s_{ij}=x_{ij}\cdot x'_{ij}, \; r_{ij}=y_{ij}\cdot y'_{ij}, \end{cases}$$

若 $s_{h,0}>0$ 且 $r_{h,0}>0$，则预报和实际路径在经纬向一致，记为得分一次；否则，不得分。这样得

$$PS_h=\frac{H_h}{M_h}$$

其中 H_h 为时效 h 小时的有效得分次数。

(3)有效稳定度(ES)

在方向稳定度连续得分的基础上，若其时效 h 小时的距离误差小于相应的距离上限 ε_h，则计为得分一次。这样得

$$ES_h=\frac{e_h}{M_h}$$

其中 e_h 为时效 h 小时时的有效得分次数。

(4)转型灵敏度(TS)

$$TS_h=\frac{t_h}{T_h}$$

式中 t_h 为预报时效为 h 时对转向预报正确的次数，T_h 为实际的转向次数。转向判断标准是：按照方向稳定度中的记号，再令 $\lambda_{ijk}=x_{ij}\cdot x_{jk}$，$\varphi_{ijk}=y_{ij}\cdot y_{jk}$，$i,j,k=(24,0,24,48,60$。其中 $A_{-24}(x_{-24},y_{-24})$ 为初始时刻前 24 h 的位置。当 $\lambda_{h,0,-24}$、$\varphi_{h,0,-24}$ 中至少有一个 <0，或 $\angle A_hA_0A_{-24}<110^{\circ}$，$\lambda_{h,0,-24}>0$ 且 $\varphi_{h,0,-24}>0$，则时效 h 内发生一次转向。

(5)变速灵敏度(VS)

$$VS_h=\frac{v_h}{V_h}$$

式中 v_h 为预报时效 h 内对变速预报正确的次数，V_h 为实际的变速次数。变速判断的标准为：

突然加速 $\frac{\overline{v}_{+24}}{\overline{v}_{-24}}>2.0$

突然减速 $\frac{\overline{v}_{+24}}{\overline{v}_{-24}}<0.5$

其中 $\overline{v}_{-24}$、$\overline{v}_{+24}$ 为前 24 h 和后 24 h 的平均移速。

(6)相对于气候持续法的技巧水平(P)

技巧水平即采用通常的定义（见本附件 4.1），而在综合评定指标中采用归一化的技巧水平(P^*)。对技巧水平建立隶属函数（即归一化），定义

$$P^*=\begin{cases}0 & P<-100\\ 0.5-\sqrt{|p|}/20 & -100\leqslant P<0\\ 0.5+\sqrt{|p|}/20 & 0\leqslant P<100\end{cases}$$

3.2　台风登陆点预报误差评定

如图 5-2，若预报台风路径为 AB，AB 线段与大陆的交点为 C，登陆实况点为 D，则 CD 线段长度即为预报登陆点的误差值。

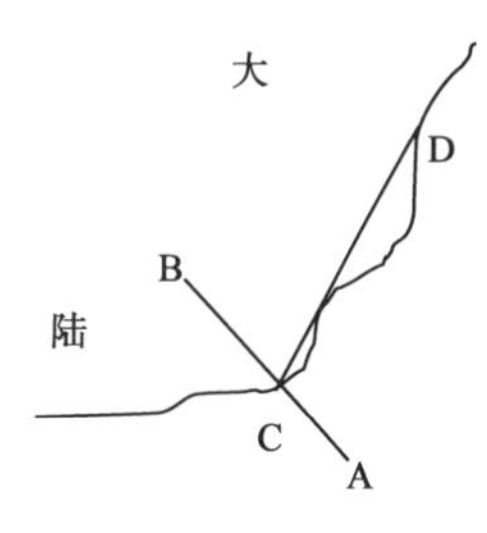

图 5-2

3.3　台风强度（定强或预报）误差评定

首先确定台风最佳强度，然后以平均绝对误差、均方根误差和趋势一致率作为基本指标进行评定。

3.3.1　平均绝对误差(MAE)

$$MAE=\frac{1}{N}\sum_{k=1}^{N}|I_k-I_{fk}|$$

式中 I_k 表示第 k 次最佳强度，I_{fk} 为第 k 次定强或预报强度，N 为总的定强或预报次数（下同）。

3.3.2　均方根误差($RMSE$)

$$RMSE=\left[\frac{1}{N}\sum_{k=1}^{N}(I_k-I_{fk})^2\right]^{\frac{1}{2}}$$

3.3.3　趋势一致率(RCT)

趋势一致率(RCT)指预报的强度变化与最佳强度变化的同号率，不同时效预报的强度变化均以起报时刻为准。

$$\mathrm{RCT}=\frac{1}{N}\sum_{k=1}^{N}P_k\times100\%,$$

其中，同号率 $P_k=\begin{cases}1, 若(I_k-I_{k0})\cdot(I_{fk}-I_{fk0})>0\\1, 若(I_k-I_{k0})=0, 且(I_{fk}-I_{fk0})=0\\0, 其他情况\end{cases}$，式中 I_k, I_{fk}, N 同 3.3.1，I_{k0} 表示起报时刻的最佳强度，I_{fk0} 为起报时刻的实时定强。

3.4 台风风雨预报误差评定，参照"中短期天气预报质量评定办法"(气发[2005]109 号)评定。

4. 预报技巧水平的评定

4.1 在误差评定的基础上，采用 C. J. Neumann 提出的公式计算某方法相对于气候持续法的技巧水平(P)：

$$P=\frac{\text{气候持续法平均误差}-\text{该方法平均误差}}{\text{气候持续法平均误差}}\times 100\%$$

式中的气候持续法统一使用上海台风研究所建立的西北太平洋台风强度气候持续性预报方法(TCSP)。计算结果若是正值，表示有技巧，正值越大，技巧水平越高；反之，负值表示无技巧。

4.2 任意两种预报方法的相对技巧水平

若以方法 A 为基准，方法 B 相对于方法 A 的技巧水平：

$$\text{B 方法的技巧水平}=\frac{\text{A 方法平均误差}-\text{B 方法平均误差}}{\text{A 方法平均误差}}\times 100\%$$

计算结果若是正值，表示方法 B 技巧较高，正值越大，技巧越高；负值表示方法 B 技巧较低。

附件 5-3　台风预报结果报告表

1. 报表形式

报告统一采用 Micaps 第七类数据格式(台风路径数据),具体格式如下:

文件头:

diamond 7　数据说明　台风名称　台风编号　发报中心(均为字符串)　总项数(整数)

数据:

年　月　日　时次　时效(均为整数)　中心经度　中心纬度　最大风速　中心最低气压　七级风圈半径　移向　移速(均为浮点数)

2. 报表规定

2.1　预报时效不仅限于 24 h 和 48 h,只要有业务发布的结果均需统计。

2.2　用客观预报方法所作预报及关岛、日本、香港发布的预报亦用此格式填写。

2.3　本报告于每次台风结束后 10 天内以电子版发送至上海台风研究所。

第六章　预报警报服务

6.1　台风的监测预报责任区

6.1.1　各级气象台站的台风监测、预报、预警服务责任区应与气象服务的责任区一致。气象服务的责任区原则上按行政区划确定。

(1)国家气象中心负责全国陆上、西北太平洋和南海海域(见附件2-1)及全球其他海域；

(2)省(区、市)气象台负责对本省行政区海岸线向外300 km范围内台风的监测、预报和预警服务；在台风登陆或对陆地产生影响时，负责对陆上本省行政区内的预报服务；

(3)地市级气象台负责本地区行政区海岸线向外200 km范围内台风的监测、预报和预警服务；在台风登陆或对陆地产生影响时，负责对陆上本地区内的预报服务；

(4)县级气象台站负责本县行政区海岸线向外10 km范围内台风的监测、预报和预警服务；在台风登陆或对陆地产生影响时，负责对陆上本县的预报服务。

6.1.2　通过海岸电台为海上航运等服务的责任海区划分如下：

(1)天津海洋中心气象台负责渤海和黄海北、中部海域(见附件6-1)；

(2)上海海洋中心气象台负责渤海、黄海和东海，包括长江口、杭州湾、台湾海峡和台湾省周围海域(见附件6-2)；

(3)广州海洋中心气象台负责台湾海峡、巴士海峡、南海和北部湾海域(见附件6-3)。

6.1.3　为当地党政领导和专业气象服务可以不受6.2.1和6.2.2的限制。

6.2　台风的预报预警

6.2.1　国家气象中心根据台风可能造成的危害和紧急程度，分别发布台风预报、台风蓝色预警、台风黄色预警、台风橙色预警和台风红色预警(见附件6-4)。

6.2.2　省级及其以下气象台站可根据本地台风预报服务业务的具体情况，以台风预警或台风预报(消息)、警报、紧急警报的方式对外发布台风预报预警信息，达到台风预警信号标准的，应及时发布台风预警信号(见附件6-5)。省级及其以下气象台应结合《国家气象灾害应急预案》的贯彻实施，逐步将对外发布的台风预报预警信息统一到台风预报、台风预警和台风预警信号等类型上，并制定台风预警标准，报中国气象局预报与网络司备案。

6.2.3　根据台风的强度和登陆时间、影响程度的不同，省级及其以下各级气象台站发布台风预报(消息)、警报和紧急警报的标准如下：

(1)预报(消息)：远离或尚未影响到预报责任区时，根据需要可以发布"预报(消息)"，报道台风的情况，警报解除时也可用"预报(消息)"方式发布；

(2)警报：预计未来48 h内将影响本责任区的沿海地区或登陆时发布警报；

(3)紧急警报：预计未来24 h内将影响本责任区的沿海地区或登陆时发布紧急警报。

以上提到台风的影响是以沿海开始出现8级风或暴雨为标准。

6.2.4　省级及其以下气象台站发布的台风警报根据其等级分类(如：热带风暴、强热带风暴、台风、强台风和超强台风)，在“预报(消息)”、“警报”或“紧急警报”前冠以不同名称，组成完整的预(警)报名称。例如：“台风预报(消息)”、“台风警报”、“台风紧急警报”、“强台风预报(消息)”、“强台风警报”、“强台风紧急警报”、“超强台风预报(消息)”、“超强台风警报”、“超强台风紧急警报”等。为突出服务效果，气象部门对外发布的台风预报和警报，当热带气旋为热带风暴、强热带风暴和台风时，统一使用“台风预报(消息)”、“台风警报”、“台风紧急警报”名称，在预报预警内容中，可依强度将热带气旋称为热带风暴、强热带风暴和台风；当热带气旋为强台风和超强台风时，依强度不同使用“强台风预报(消息)”、“强台风警报”、“强台风紧急警报”、“超强台风预报(消息)”、“超强台风警报”和“超强台风紧急警报”。

6.2.5　台风紧急警报只在强热带风暴及其以上时才使用。

6.2.6　对外服务的预报、预警(警报)内容主要包括：

(1)预报、预警(警报)名称、台风的编号、中文命名、发布单位和发布日期(年、月、日、时)，发布时间统一用 24 小时制；

(2)该台风在最近某一时次的实况，包括中心位置、气压、中心附近最大平均风力、风速以及前一时段内移向、移速等实况；

(3)该台风未来动向的预报，包括中心位置、强度、中心附近最大平均风力、风速、移向、移速等变化及其可能影响(包括登陆)的地区和风、雨的预报。

6.2.7　对预计将影响或登陆我国的强台风和超强台风要严密监视，尽可能提早发布首次警报。必要时可用适当服务用语描述其危害程度，以引起各级政府和广大人民群众的重视。

6.2.8　对在 48 h 警戒区内生成的热带低压，当预计 24 h 内其中心附近最大平均风力可能加强到≥8 级时，可先发布热带低压预报(消息)或警报，并说明此热带低压可能发展成热带风暴。

6.3　台风预报、预警(警报)的发布和服务

6.3.1　当预计台风可能影响到责任区时应及时开展决策气象服务，尽量提早向党政领导报告，分析可能发生的情况，提出倾向性预报意见，做好台风影响评估分析，并尽可能提出防台的建议供领导参考。当发现实况与原来预报有较大出入时，应及时补充修正原来的预报。

6.3.2　通过广播电台、电视台、有线广播、海岸电台、互联网络、报纸等多种渠道，努力扩大和做好公众服务。同时在地(市)以上的港口、城市建立天气警报服务系统，加强为专业部门服务。

6.3.3　公开发布台风预警(警报)应注意以下事项：

(1)预警(警报)第一次向公众发布前应先向当地党政领导报告；

(2)公开发布的预警(警报)应简明扼要，预报要适当肯定，并注意前后预警(警报)用语的连贯性。当预报中出现难以抉择的分歧意见时，可在预警(警报)中提出两种预报意见，但须主次分明；

(3)预警(警报)发布次数可随台风对本地区的影响程度作适当增减，紧急警报争取每小时广播一次；

(4)通过天气警报服务系统等手段向专业部门服务的内容可比公开广播的详细。

6.3.4　通过交通部所属大连、上海、广州海岸电台为海洋航运服务的台风警报规定如下：

(1)预报责任区的分工见 6.1.2 条的规定；

(2)只发预警(警报)不发“消息”，不用“紧急警报”名称；

(3)用中、英两种文字,先发英文,后发中文,台风的英文名称见2.1的规定;

(4)当台风将在未来24 h内影响到,或已影响到预报责任区时发布预警信息;

(5)当台风已不影响预报责任区时停止发布预警信息;

(6)一般每天发布4次,必要时可增加到每天8次;

(7)预警信息中除台风的国内编号外,还应加发国际编号(加括号,若两个编号一致时可省略)和英文命名;

(8)英文台风警报参照国际通用的格式和用词。

6.4　做好台风预报、预警(警报)的措施和要求

6.4.1　在台风季节到来之前沿海各级气象台站应提前做好以下准备:

(1)熟悉台风的一般活动规律和以往一些特殊台风的活动特点;

(2)熟悉各种预报方法、工具、指标及其使用条件,卫星云图、雷达回波的分析方法;

(3)熟悉有关台风的各种电码格式、内容以及与台风业务的有关规章制度;

(4)熟悉台风季节预报责任区内的各种生产情况和特点。

6.4.2　进入台风季节后沿海省、地两级气象台应该注意:

(1)预报员和省级台的通信报房必须24 h值班;

(2)与当地广播部门商定台风警报等传输和广播事宜;

(3)开展有关台风的科普宣传,增强民众的防灾意识,帮助使用者正确理解和使用警报;

(4)随时了解航运、水产、农业等部门的生产动态。

6.4.3　当台风将要袭击所负责的预报责任区时,有关省、地两级气象台必须安排专人值班值守,台领导必须轮流值班,在第一线组织台风服务,采取非常措施直至该台风影响结束。

6.4.4　服务对策重点

(1)遇到强台风或适逢天文大潮时,服务上要强调“撤离”;

(2)要特别警惕多个台风与其他灾害性天气系统同时出现或接踵而来时可能造成的重灾;

(3)要警惕登陆邻省台风可能对本省造成的重灾;

(4)要重视台风登陆后的预报服务;

(5)江南一带伏旱季节采取“未洪先排”的防御措施要特别慎重;

(6)警报解除要慎重。

6.5　收集服务效益和总结经验

6.5.1　沿海有条件的气象台尽量将台风袭击时的情景、造成的灾情和群众防台的情况进行拍照或录像,存档备用。

6.5.2　每次登陆或影响我国的台风过后,有关气象台站应立即通过以下各种渠道,收集灾情和服务效益。

(1)到现场调查了解;

(2)向党政领导和有关部门了解;

(3)剪辑或记录当地报纸、广播有关这次台风的报导和反映;

(4)收集民政、防汛等部门的灾情资料。

6.5.3　收集的灾情力求基本可靠,切忌道听途说,盲目轻信。

6.5.4　收集的灾情和服务效益等应建立档案。

6.6　各级气象台站应及时总结台风预报服务工作。预报服务总结应包括对预警(警报)

发布是否及时、预报(登陆地点、时间、风雨强度等)与实况的实际差距、台风过程的典型特征及预报难点分析、预报成功经验或预报失误教训的总结、今后要重点加强技术环节或预报中要重点关注的着眼点、预报服务的经验与问题分析及改进措施等内容。

6.7　按照规定按时填报“台风预报警报和服务工作报告表”(见附件6-6)。全省综合性的“台风预报警报和服务工作报告表”要分别按规定呈报应急减灾与公共服务司、预报与网络司和国家气候中心各一份。

6.8　灾情收集及整理

6.8.1　中国气象局决策气象服务中心负责台风实时灾情的收集整理;

6.8.2　国家气候中心年终负责收集、统计全年全国台风灾情并建立相应的档案。

附件 6-1　天津海洋中心气象台国际海事业务责任海区示意图

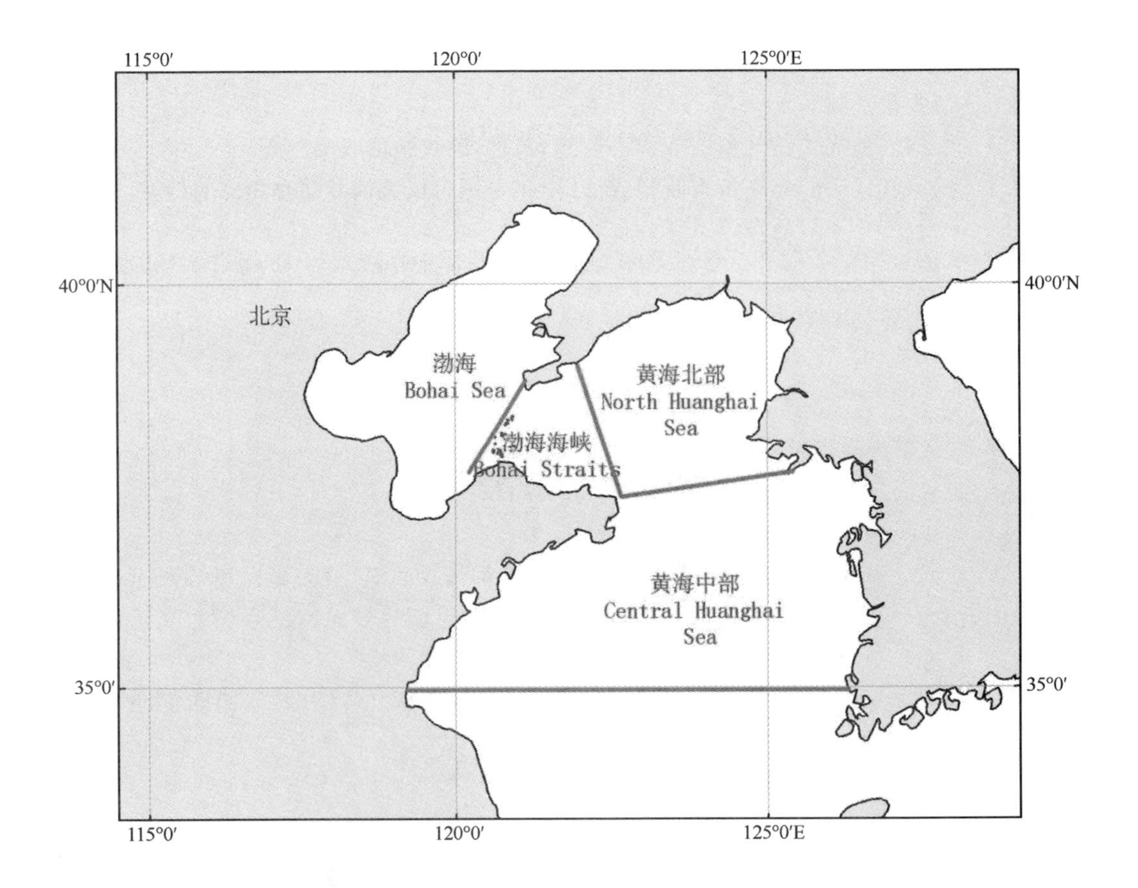

附件 6-2　上海海洋中心气象台国际海事业务责任海区示意图

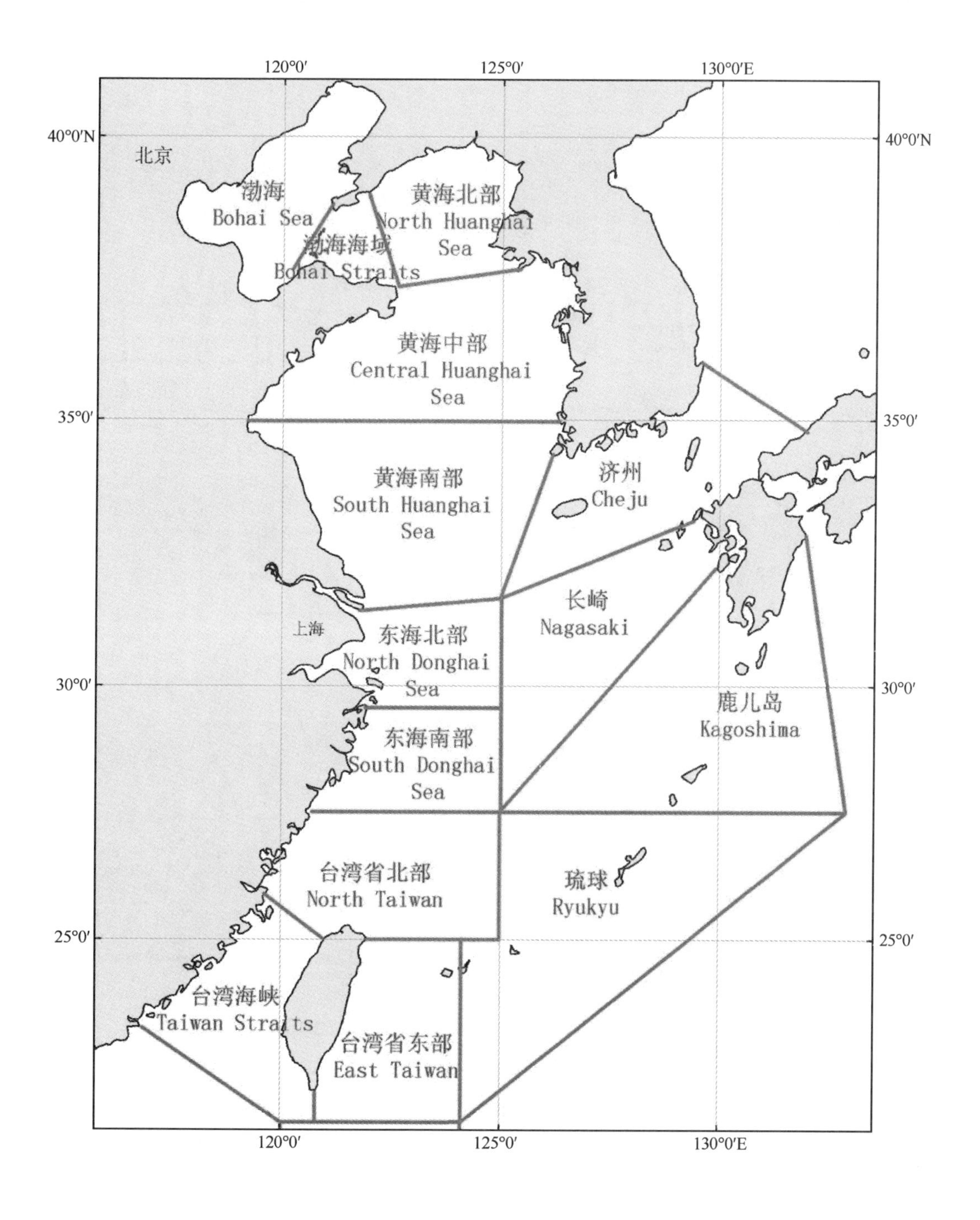

附件 6-3　广州海洋中心气象台国际海事业务责任海区示意图

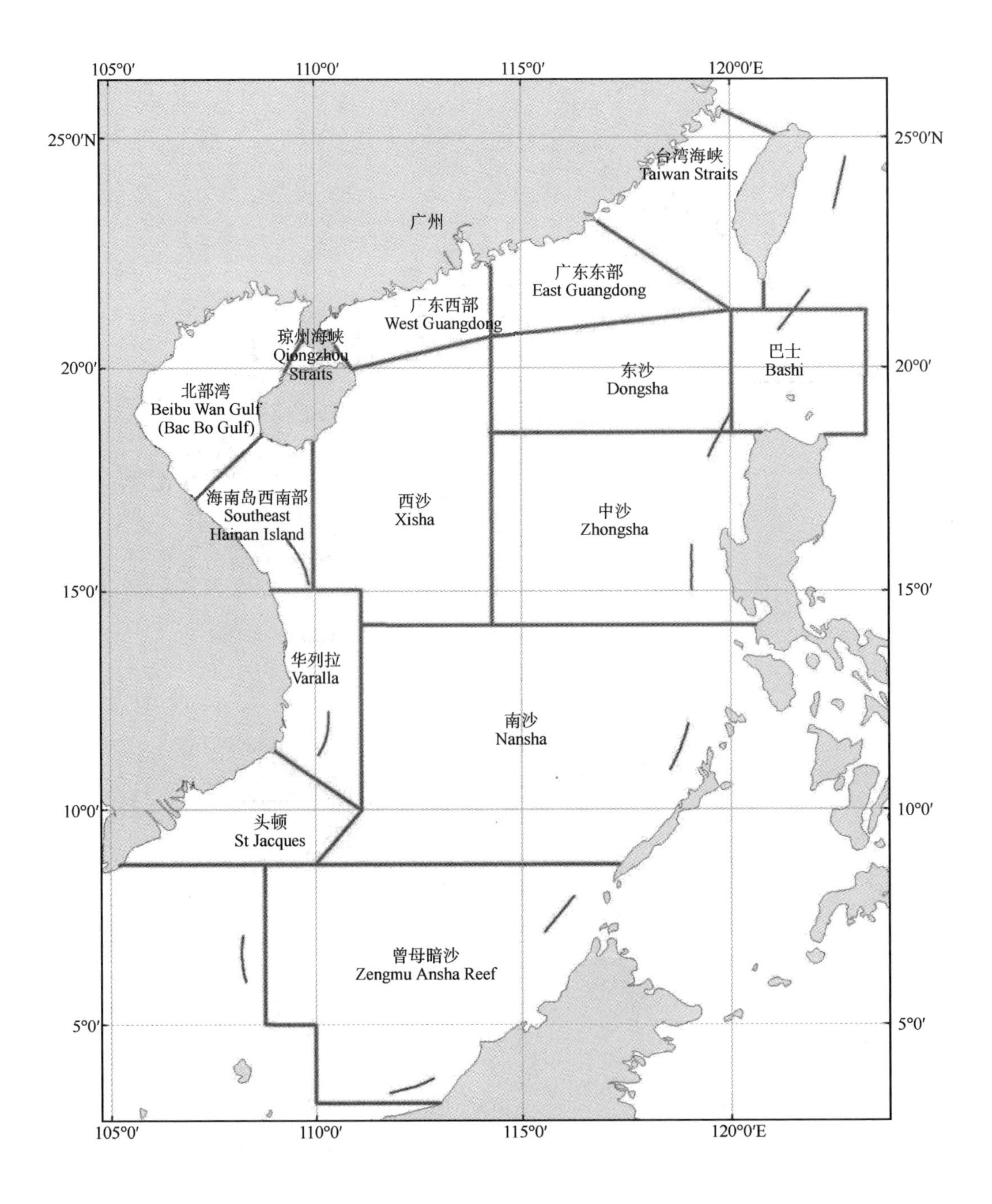

附件 6-4　中央气象台台风警报发布标准

根据《国家气象灾害应急预案》的要求和中央气象台气象灾害预警发布办法(气发〔2010〕89 号)的规定,中央气象台的台风警报按照以下标准进行发布:

(一)台风蓝色预警:预计未来 48 h 将有热带风暴(中心附近最大平均风速 8~9 级)登陆或影响我国沿海,发布台风蓝色预警。

(二)台风黄色预警:预计未来 48 h 将有强热带风暴(中心附近最大平均风速 10~11 级)登陆或影响我国沿海,发布台风黄色预警。

(三)台风橙色预警:预计未来 48 h 将有台风(中心附近最大平均风速 12~13 级)登陆或影响我国沿海,发布台风橙色预警。

(四)台风红色预警:预计未来 48 h 将有强台风(中心附近最大平均风速 14~15 级)、超强台风(中心附近最大平均风速 16 级及其以上)登陆或影响我国沿海,发布台风红色预警。

附件 6-5　台风预警信号发布标准

根据气象灾害预警信号发布与传播办法(中国气象局第 16 号令),各级气象主管机构所属的气象台站向社会公众发布的台风预警信号分四级,分别以蓝色、黄色、橙色和红色表示。

(一)台风蓝色预警信号

图标:

标准:24 h 内可能或者已经受台风影响,沿海或者陆地平均风力达 6 级以上,或者阵风 8 级以上并可能持续。

防御指南:

1. 政府及相关部门按照职责做好防台风准备工作;

2. 停止露天集体活动和高空等户外危险作业;

3. 相关水域水上作业和过往船舶采取积极的应对措施,如回港避风或者绕道航行等;

4. 加固门窗、围板、棚架、广告牌等易被风吹动的搭建物,切断危险的室外电源。

(二)台风黄色预警信号

图标:

标准:24 h 内可能或者已经受台风影响,沿海或者陆地平均风力达 8 级以上,或者阵风 10 级以上并可能持续。

防御指南:

1. 政府及相关部门按照职责做好防台风应急准备工作;

2. 停止室内外大型集会和高空等户外危险作业;

3. 相关水域水上作业和过往船舶采取积极的应对措施,加固港口设施,防止船舶走锚、搁浅和碰撞;

4. 加固或者拆除易被风吹动的搭建物,人员切勿随意外出,确保老人小孩留在家中最安全的地方,危房人员及时转移。

(三)台风橙色预警信号

图标:

标准:12 h 内可能或者已经受台风影响,沿海或者陆地平均风力达 10 级以上,或者阵风 12 级以上并可能持续。

防御指南：

1. 政府及相关部门按照职责做好防台风抢险应急工作；

2. 停止室内外大型集会，停课、停业（除特殊行业外）；

3. 相关水域水上作业和过往船舶应当回港避风，加固港口设施，防止船舶走锚、搁浅和碰撞；

4. 加固或者拆除易被风吹动的搭建物，人员应当尽可能待在防风安全的地方，当台风中心经过时风力会减小或者静止一段时间，切记强风将会突然吹袭，应当继续留在安全处避风，危房人员及时转移；

5. 相关地区应当注意防范强降水可能引发的山洪、地质灾害。

（四）台风红色预警信号

图标：

标准：6 h 内可能或者已经受台风影响，沿海或者陆地平均风力达 12 级以上，或者阵风达 14 级以上并可能持续。

防御指南：

1. 政府及相关部门按照职责做好防台风应急和抢险工作；

2. 停止集会，停课、停业（除特殊行业外）；

3. 回港避风的船舶要视情况采取积极措施，妥善安排人员留守或者转移到安全地带；

4. 加固或者拆除易被风吹动的搭建物，人员应当待在防风安全的地方，当台风中心经过时风力会减小或者静止一段时间，切记强风将会突然吹袭，应当继续留在安全处避风，危房人员及时转移；

5. 相关地区应当注意防范强降水可能引发的山洪、地质灾害。

附件 6-6

（气专海表-1）

台风预报警报和服务工作报告表

国内编号____________________

国际编号____________________

英文名称____________________

中文名称____________________

填报单位____________________（盖章）

填报人__________填报时间______年______月　　日

中国气象局

填报说明

1. 国家气象中心和沿海各级有关气象台站填写的具体项目规定如下：

(1)国家气象中心对每个登陆或影响我国的台风(包括热带风暴、强热带风暴、台风、强台风和超强台风，下同)都必须填写本表 1、2 部分内容，3、4 两部分可根据了解到的情况填写。

(2)省(区、市)气象台一般只填写 2、3、4 部分，但台风登陆地区的省、地(市)、县气象台站以及相邻的地区气象台还必须填写第一部分 1.4 条的内容。

(3)一般地(市)气象台和县气象站填写 3、4 两部分，第 2 部分选填。

(4)国家气象中心警报发布情况按消息、橙色警报、橙色紧急警报、红色警报和红色紧急警报五级填写；

(5)沿海各级有关气象台站发布情况按消息、警报和紧急警报三级填写；

(6)沿海各级有关气象台站预警信号按蓝色、黄色、橙色和红色四级填写；

2. 填报范围与该台站预报责任区一致；海损及海洋服务情况，有关气象台站根据所了解到的情况认真填写。

3. 受益及损失情况要通过多种渠道搜集，了解多少填多少，实在无法填写的空白不填。

4. 国家气象中心和沿海各省(区、市)气象台应将全省综合的报表，在每次台风过程结束后一个月内报送中国气象局应急减灾与公共服务司、预报与网络司和国家气候中心各一份。其中，各地区气象台还需报本省(区、市)气象局。县气象站填报的时限，由各省(区、市)气象局自定，报表不必报中国气象局。

5. 填写本表一律使用世界协调时。填报人要签名，填报单位要盖章。

6. 本表是 2001 年 12 月的修正表。

7. 本表是台风预报警报服务及灾情的重要档案，各级台站领导应及时督促检查，有关人员一定要认真填写清楚并自行存档。

1. 台风概况

1.1 编号时间____月____日____时(世界协调时,下同)

1.2 编号时中心位置:北纬______度、东经______度;中心最低气压:______ hPa;中心附近最大风速:______ m/s。

1.3 在海上减弱为低气压或转向的时间:____月____日____时;减弱为低气压或转向的位置:北纬______度、东经______度。

1.4 本次台风的特点

1.4.1 本次台风过程中责任区内的最大风速______(m/s),日期______,地点____________,当时台风中心位于北纬______度、东经______度。

1.4.2 本次台风过程中责任区内的最低气压______(hPa),日期______,地点____________,当时台风中心位于北纬______度、东经______度。

1.4.3 台风登陆时间____日____时,地点____________,地点特征______(指城市、港口或森林),人口密度______(指稠密、中等、较稀、稀疏),登陆时海平面最低气压______(hPa),登陆时最大平均风速______(m/s),登陆时最大阵风风速______(m/s)。

1.4.4 本次台风过程中责任区内的 1 h 最大降水______(mm),持续时间______(min),出现时间____日____时,出现地点______(区站号)或______(地名),当时台风中心位于北纬______度、东经______度。

1.4.5 本次台风过程中责任区内的 24 h 最大降水量(12—12 时)______(mm),日最大降水量(12—12 时)______(mm),过程最大降水量______(mm)。

2. 警报发布

2.1 第一次对内发布消息的时间____月____日____时;

2.2 第一次公开发布消息的时间____月____日____时;

2.3 第一次公开发布警报的时间____月____日____时(沿海各级有关气象台站填写);

2.4 第一次公开发布预警的时间____月____日____时,预警级别:____色____预警(国家气象中心填写);

2.5 台风预警信号启动时间____月____日____时,预警信号级别____色(沿海各级有关气象台站填写);

2.6 台风应急响应启动时间____月____日____时,响应级别____级;

2.7 第一次发布紧急警报的时间____月____日____时(沿海各级有关气象台站填写);

2.8 解除或最后一次预警(警报)的时间____月____日____时;

2.9 台风预警信号解除时间____月____日____时(沿海各级有关气象台站填写);

2.10 台风应急响应解除时间____月____日____时;

2.11 本次台风过程共发布预报______次,警报______次,紧急警报______次(沿海各级有关气象台站填写);

2.12 本次台风过程共发布预报____次,蓝色预警____次,黄色预警____次,橙色预警____次,红色预警____次,(国家气象中心填写);

2.13 第一次发布登陆预报的发布时间比实际登陆时间约提前______ h;

2.14 第一次发布登陆预报的地点比实际登陆地点约偏离______ km;

2.15 海岸电台发布警报情况(上海、大连、大连台填报)

2.15.1　第一次发布警报的时间____月____日____时；

2.15.2　停止发布警报的时间____月____日____时；

2.15.3　本次台风过程共发布警报______次。

2.16　警报、预警信号发布及应急响应工作方面的其他情况（包括对警报质量的评述和警报、预警信号及应急响应发布和传递中的问题等）。

3. 台风造成的影响

3.1　受益情况描述

3.2　受灾及服务效益统计

序号	项目	单位	数量	序号	项目	单位	数量
一、人员情况				20	供水损坏	处	
1	死亡	人		21	通信损坏	处	
2	失踪	人		22	船舶翻沉	艘	
3	受伤	人		23	船舶损坏	艘	
4	流离失所	家庭		三、经济损失			
5	受到影响	家庭		24	房屋和个人财产	百万元	
二、物资损失				25	农业生产	百万元	
6	倒塌房屋	间		26	工业生产	百万元	
7	损坏房屋	间		27	桥梁、河堤、港口、水库	百万元	
8	受到影响	间		28	铁路、供电、供水、通信	百万元	
9	受淹农田	hm^2		29	估计总损失	百万元	
10	粮食损失	t		四、服务效益			
11	牲畜损失	万头		30	减少或避免经济损失	百万元	
12	果树损失	万株					
13	道路损坏	处					
14	桥梁损坏	座					
15	堤防决口	处					
16	水利设施损坏	处					
17	水库倒塌	座					
18	铁路损坏	处					
19	供电损坏	处					

注：①表中各项必须按指定的“单位”填写，不得改变表中所列“项目”及“单位”；

②4、5两项如收集到的是人数，则按一个家庭4口人折算为家庭数。

3.3　以上所列灾情的资料来源及其他需说明的情况

3.4　本次台风导致损失的主要因素（大风、暴雨、风暴潮等及其强度）

4. 服务效果

4.1　当地政府及有关部门组织防灾的情况以及取得的效果

4.2　当地政府、有关部门、群众对本次台风预报服务的评价、反映和意见

4.3　因预报警报失误而造成的损失及有关的情况说明

4.4　台站在本次台风预报服务工作中取得的经验和教训

第七章　资料收集和整编

7.1　上海台风研究所负责收集、积累和整编有关热带低压和台风的各种资料，供台风预报业务和科研使用。

7.1.1　日常业务

(1)收集整理热带低压和台风资料。热带低压和台风生成后即开始收集路径、强度及其引起的风雨、灾情和相关的卫星云图等资料，并及时更新和维护热带低压和台风资料数据库；

(2)整编热带低压和台风最佳路径和强度。在每年全国台风及海洋气象专家工作组届会召开之前或在每年底前，牵头组织国家气象中心、国家卫星气象中心、相关省(区、市)气象台及业务管理部门共同研究当年热带低压和台风定位及定强问题，提出当年热带低压和台风最佳路径和强度建议稿，经全国台风及海洋气象专家工作组审定后，形成该年度的热带低压和台风最佳路径和强度；

(3)整编《台风年鉴》。每年年底前将上一年的《台风年鉴》(纸质版和光盘版)出版并分发至各省(区、市)气象局。

7.1.2　阶段性工作

(1)每10年编印一次西北太平洋热带低压和台风路径图(如：1981—1990年、1991—2000年依此类推)，在该10年结束后的两年内完成出版工作；

(2)进行阶段性的热带低压和台风气候总结。

7.1.3　临时性工作

根据需要临时整编出版一些有关热带低压和台风的资料、图册等。

7.2　国家气象中心、国家气候中心、国家卫星气象中心、国家气象信息中心和有关省(区、市)气象部门要协助配合上海台风研究所完成热带低压和台风资料的收集和整编等工作。

7.2.1　国家气象中心负责及时提供整编《台风年鉴》所需的有关热带低压和台风的资料，并派熟悉当年热带低压和台风情况的预报员参与上海台风研究所台风最佳路径的确定。

7.2.2　国家气候中心负责及时提供整编《台风年鉴》所需的有关热带低压和台风灾情资料。

7.2.3　国家卫星气象中心负责及时提供整编《台风年鉴》所需的热带低压和台风卫星资料，并应邀派人员参与上海台风研究所最佳路径的确定。

7.2.4　国家气象信息中心负责及时提供整编《台风年鉴》所需的台风季节沿海及受热带低压和台风影响的各相关省(区、市)的地面气象观测风、雨、温、压、湿等数据文件(A和J文件)。

7.2.5　沿海及受热带低压和台风影响的各省(区、市)气象局的主要任务

(1)协助上海台风研究所完成《台风年鉴》的整编工作；

(2)负责及时提供整编《台风年鉴》所需的地面气象观测风、雨、温、压、湿等数据(A和J文

件)和灾情等资料;

(3)沿海及受台风影响的各省(区、市)气象局所需提供的数据资料站点的确定,根据每年台风影响实际情况由上海台风研究所提出并通知相关各省(区、市)气象局,相关省(区、市)气象局也要应邀派人员参与上海台风研究所最佳路径的确定。

7.3　上海台风研究所每年整编的热带低压和台风资料数据库资料及完成《台风年鉴》应及时上交国家气象信息中心存档,并提供给各业务单位查询使用。

第八章　国际协作

8.1　本着有给有取、有利于我的原则，积极加强与亚太地区台风委员会在日常台风业务中的协作。

8.2　汲取台风业务试验及台风特别试验的有用经验，在台风业务工作中进行有关台风的情报和预报的交换。

8.3　加密观测

8.3.1　从我国沿海省(区、市)已担负国内台风加密观测任务的台站中，选择下列台站的加密观测报告参加国际交换。

(1)地面站：共 34 个台站，具体站名详见附件 8-1 站号附表；

(2)高空站：郑州(57083)、青岛(54857)、射阳(58150)、杭州(58457)、武汉(57494)、福州(58847)、汕头(59316)、郴州(57972)和西沙岛(59981)9 个高空站；

(3)天气雷达站：上海(58367)、温州(58659)、福州(58941)、汕头(59316)和西沙岛(59981)5 个沿海雷达站。

8.3.2　只有因国内需要组织加密观测时，8.3.1 条中各台站的加密观测报告才同时进行国际交换。当组织国际试验进行 06、18 时探空观测时，按规定向外传输探空报。

8.3.3　在 8.3.1 条中所列 9 个高空站平时进行的 06、18 时的雷达测风报告一般不向外传输，只有当台风中心进入我国的 48 h 警戒线(见附件 2-1)后才作为高空加密观测参加国际交换。

8.3.4　当台风中心已移出我国的 48 h 警戒线，或在海上已减弱为热带低压，或台风已在我国登陆时，停止向外传输雷达测风报告。

8.3.5　在 8.3.1 条中所列 5 个天气雷达站的加密观测报告中，只有指示组为 FFAA 的报告才参加国际交换。

8.4　定位和预报

8.4.1　国家气象中心承担国际间交换台风的定位和预报的制作任务。

(1)当台风开始编号时，即进行交换；

(2)使用附件 2-3 规定的电码，但是客观预报部分和综合预报中的预报理由部分不一定每次都编发，将视可能条件而定。

8.4.2　国家气象中心、广州区域中心气象台可以主动或应要求与香港天文台及澳门地球物理暨气象局进行台风定位和预报等的电话会商。

8.5　通信传输

8.5.1　利用北京—东京和北京—广州—香港两条气象电路，传输和交换国内外有关台风的情报和预报等。

8.5.2　国家气象信息中心担负以下任务：

(1)当收到来自沿海各省(区、市)的地面、探空的加密观测报告时，将 8.3.1 条中所列台站的加密观测报告主动转发给东京和香港；

(2)当符合 8.3.3 条规定时，将 8.3.1 条中所列有关台站的 06、18 时高空风观测报主动转发给东京和香港。

8.5.3　广东省气象信息中心担负以下任务：

(1)当收到广东省、广西壮族自治区和海南省的地面和天气雷达加密观测报告时，将 8.3.1 条中所列台站的加密观测报告主动转发给香港；

(2)当收到国家气象信息中心发来的参加国际交换的高空加密观测报告和其他省(区、市)的地面、天气雷达的加密观测报告时，转发给香港。

8.6　国(境)外来报的收集和分发

8.6.1　向世界气象组织/亚太经社理事会(WMO/ESCAP)台风委员会承诺的参加交换的情报和预报。

8.6.2　国家气象信息中心收到东京和香港(经广东接转)的来报后，按照 4.3.5 条规定接转国内有关气象台使用。

8.6.3　广东省气象信息中心收到香港的来报后应转发至国家气象信息中心。由国家信息中心转发给上海、广西和海南省(区、市)气象台使用。

8.7　台风路径报告

根据台风委员会的要求，各成员应向台风委员会秘书处提交实时台风路径报告，由台风委员会秘书处负责向各成员分发。各有关省(区、市)气象台应及时将收集到资料(见附件 8-2)报国家气象中心。国家气象中心负责汇集整理，报台风委员会秘书处，并将收到的其他成员的路径报告资料转发给有关气象台。

附件 8-1　参加国际交换地面站号表

区域	站名、区站号
广西	南宁(59431)
广东	汕头(59316)、汕尾(59501)、阳江(59663)、梅县(59117)、河源(59293)、广州(59287)韶关(59082)
海南	海口(59758)、三亚(59948)、东方(59838)、西沙(59981)
福建	厦门(59134)、福州(58847)、永安(58921)、邵武(58725)
浙江	洪家(58665)、嵊泗(58472)、定海(58477)、杭州(58457)、衢州(58633)、大陈(58666)、瑞安(58752)
上海	宝山(58362)
江苏	南京(58238)、赣榆(58040)、射阳(58150)、东台(58251)
山东	龙口(54753)、成山头(54776)、青岛(54857)潍坊(54843)、济南(54823)、定陶(54909)

附件 8-2　热带气旋路径报告
TROPICAL CYCLONE TRACK REPORT

T. C. Number(RSMC No.)__________________

Station/ buoy/ship Number	Minimum Sea Level Pressure		Maximum Sustained Wind		Peak Gust		Rainfall	
	hPa	Time Observed (UTC)	(10 min. ave.) m/s	Time Observed (UTC)	m/s	Time Observed (UTC)	Amount (mm)	Date Observed

第九章　组织领导

9.1　全国的台风业务和服务工作由中国气象局负责：

(1)负责组织修订《台风业务和服务规定》；

(2)负责协调各省(区、市)之间的协作工作；

(3)负责拟定和改进有关台风的计划和组织实施工作；

(4)负责组织全国性的经验交流、专业科研项目的开展；

(5)负责组织各种台风预报方法的业务(试)运行工作；

(6)负责研究和安排国际间的合作事宜。

9.2　各省(区、市)气象局按照中国气象局的规定，结合各自的区域特点和实际情况，组织领导本省(区、市)的台风业务服务工作。

9.2.1　沿海直接受热带低压和台风影响地区的省(区、市)气象局负责：

(1)组织本省(区、市)各级气象局(台、站)完成中国气象局和当地政府部门要求的业务和服务；

(2)结合本省(区、市)区域特点，对中国气象局的《台风业务和服务规定》做出符合本地实际情况的具体补充或服务规定，并监督所属台站严格执行；

(3)拟定改进本省(区、市)针对热带低压和台风预报服务工作的工作计划并组织实施；

(4)开展台风的科普宣传工作，加强针对台风灾害的防护和避险工作知识普及；

(5)了解当地政府、社会公众的需求和建议，收集灾情，并对灾害进行评估，及时进行经验总结，研究改进措施；

(6)组织本省(区、市)范围的经验交流和技术总结；

(7)承担中国气象局委托的相关工作。

9.2.2　沿海及受热带低压和台风影响的内陆省(区、市)气象局按照中国气象局规定，组织本省(区、市)有关台站完成热带低压和台风影响过程中的加密观测任务，完成由中国气象局组织的有关热带低压和台风的专项试验工作。

9.3　国家气象中心、国家气候中心、国家卫星气象中心、国家气象信息中心、公共气象服务中心、中国气象局气象探测中心以及各省(区、市)气象局和地(市)、县气象局是台风业务和服务的具体实施单位，都应在中国气象局的领导下，完成各项台风业务和服务工作，完成当地政府组织的防台气象保障工作。

9.4　各国家级业务中心和各级气象局负责人负有直接组织本单位业务人员完成台风业务和服务的职责，并分别对中国气象局、本省(区、市)气象局和当地政府领导负责。

9.5　全国台风及海洋气象专家工作组

9.5.1　全国台风及海洋气象专家工作组是中国气象局关于台风和海洋气象以及相应的防灾减灾领域业务、科研和发展规划等方面的咨询组织，在中国气象局的领导下开展工作，由中国气象局预报与网络司聘任并负责组织管理工作。

9.5.2　全国台风及海洋气象专家工作组关于台风业务的职责和任务：

(1)审定每年在西北太平洋及南海生成的热带低压和台风最佳路径；

(2)审定每年的台风年鉴；

(3)审定申请全国发报的台风预报方法；

(4)受预报与网络司委托，承担对实时业务中关键性和疑难性台风过程预报的技术指导；

(5)负责组织开展本年度重大疑难台风个例预报技术总结分析和台风特点及预报难点的总结分析；

(6)针对台风业务中存在问题研究提出业务改进的意见建议，并对台风业务组织管理及业务发展的重大决策研究提出咨询意见；

(7)紧密跟踪国际台风领域技术发展最新动态，对我国台风业务技术发展提供咨询指导；

(8)受预报与网络司委托，协助编制全国台风业务发展规划；

(9)审议并修订《台风业务和服务规定》。

9.5.3　全国台风及海洋气象专家工作组由国内外熟悉台风及海洋气象预报和服务业务，具有较高的学术水平及学术影响力、具有丰富的预报服务或管理经验以及有较强责任心的业务科研专家组成。专家工作组成员以预报与网络司遴选及各相关单位推荐相结合的方式产生，在征得专家本人和所在单位的同意后，由中国气象局预报与网络司聘任，每届任期四年。

9.6　本《规定》的修改、补充和解释由中国气象局预报与网络司负责。

附录一　世界气象组织/亚太经社理事会(WMO/ESCAP)台风委员会西北太平洋和南海热带气旋命名方案

1.　目标

1.1　台风委员会命名表将用于国际媒体以及向国际航空和航海发布的公报中。也用于台风委员会成员向国际社会发布的公报中。

1.2　供各成员用当地语言发布热带气旋警报时使用(如果希望使用命名)。这将有助于人们对逐渐接近的热带气旋提高警觉,增加警报的效用。各成员仍将继续使用热带气旋编号。

2.　命名方法

2.1　在西北太平洋和南海地区采用一套热带气旋命名表。

2.2　邀请台风委员会所有成员以及该区域WMO的有关成员贡献热带气旋名字。

2.3　每个有关的成员贡献等量的热带气旋名字;命名表按顺序命名,循环使用;命名表共有五列,每列分两组,每组里的名字按每个成员的字母顺序依次排列。

3.　名字的选择

3.1　命名原则:每个名字不超过9个字母;容易发音;在各成员语言中没有不好的意义;不会给各成员带来任何困难;不是商业机构的名字。

3.2　选取的名字应得到全体成员的认可(一票否决)。

4.　命名表

4.1　台风委员会通过了热带气旋命名表(附后)。

命名表共有140个名字,分别来自柬埔寨、中国、朝鲜、中国香港、日本、老挝、中国澳门、马来西亚、密克罗尼西亚联邦、菲律宾、韩国、泰国、美国和越南(各贡献10个)。

4.2　各成员可以根据发音或意义将命名表翻译成当地语言。

5.　命名的业务程序

5.1　区域专业气象中心——东京台风中心负责按照台风委员会确定的命名表在给达到热带风暴及其以上强度的热带气旋编号的同时命名,按热带气旋命名、编号(加括号)的次序排列。国际民航组织(ICAO)东京热带气旋咨询中心以及中国和日本全球海上遇险安全系统(GMDSS)XI海区气象广播发布的公报也采用相同的命名和编号。

5.2　鼓励各成员尽可能多地交换观测资料,确保区域专业气象中心——东京台风中心能得到最好的资料和信息以完成任务。

5.3　热带气旋名字按预先确定的次序依次命名。热带气旋在其整个生命史中保持名字不变。为避免混乱,对通过国际日期变更线进入西北太平洋的热带气旋,东京台风中心只给编号不给新命名,即:维持原有命名不变。负责给北太平洋中部热带气旋命名的美国中太平洋飓风中心也同意对从西向东越过国际日期变更线的热带气旋维持东京台风中心的命名。

5.4　台风委员会所有成员在向国际社会(包括媒体、航空、航海)发布警报公报时都将使用东京台风中心分配的命名和编号。

5.5 对造成特别严重灾害的热带气旋,台风委员会成员可以申请将该热带气旋使用的名字从命名表中删去(永久命名),也可以因为其他原因申请删除名字。每年的台风委员会届会将审议台风命名表。

6. 执行计划

热带气旋命名表及其相关的业务程序从2000年1月1日开始执行。

附录二　世界气象组织/亚太经社理事会(WMO/ESCAP)台风委员会西北太平洋和南海热带气旋命名表

（自 2012 年 3 月 1 日起执行）*

第一列	第二列	第三列	第四列	第五列	名字来源
英文/中文					
Damrey 达维	Kong-rey 康妮	Nakri 娜基莉	Krovanh 科罗旺	Sarika 莎莉嘉	柬埔寨
Haikui 海葵	Yutu 玉兔	Fengshen 风神	Dujuan 杜鹃	Haima 海马	中国
Kirogi 鸿雁	Toraji 桃芝	Kalmaegi 海鸥	Mujigae 彩虹	Meari 米雷	朝鲜
Kai-tak 启德	Man-yi 万宜	Fung-wong 凤凰	Choi-wan 彩云	Ma-on 马鞍	中国香港
Tembin 天秤	Usagi 天兔	Kanmuri 北冕	Koppu 巨爵	Tokage 蝎虎	日本
Bolaven 布拉万	Pabuk 帕布	Phanfone 巴蓬	Champi 蔷琵	Nock-ten 洛坦	老挝
Sanba 三巴	Wutip 蝴蝶	Vongfong 黄蜂	In-Fa 烟花	Muifa 梅花	中国澳门
Jelawat 杰拉华	Sepat 圣帕	Nuri 鹦鹉	Melor 茉莉	Merbok 苗柏	马来西亚
Ewiniar 艾云尼	Fitow 菲特	Sinlaku 森拉克	Nepartak 尼伯特	Nanmadol 南玛都	密克罗尼西亚
Maliksi 马力斯	Danas 丹娜丝	Hagupit 黑格比	Lupit 卢碧	Talas 塔拉斯	菲律宾
Gaemi 格美	Nari 百合	Jangmi 蔷薇	Mirinae 银河	Noru 奥鹿	韩国
Prapiroon 派比安	Wipha 韦帕	Mekkhala 米克拉	Nida 妮姐	Kulap 玫瑰	泰国
Maria 玛利亚	Francisco 范斯高	Higos 海高斯	Omais 奥麦斯	Roke 洛克	美国
Son-Tinh 山神	Lekima 利奇马	Bavi 巴威	Conson 康森	Sonca 桑卡	越南
Bopha 宝霞	Krosa 罗莎	Maysak 美莎克	Chanthu 灿都	Nesat 纳沙	柬埔寨
Wukong 悟空	Haiyan 海燕	Haishen 海神	Dianmu 电母	Haitang 海棠	中国
Sonamu 清松	Podul 杨柳	Noul 红霞	Mindulle 蒲公英	Nalgae 尼格	朝鲜
Shanshan 珊珊	Lingling 玲玲	Dolphin 白海豚	Lionrock 狮子山	Banyan 榕树	中国香港
Yagi 摩羯	Kajiki 剑鱼	Kujira 鲸鱼	Kompasu 圆规	Washi 天鹰	日本
Leepi 丽琵	Faxai 法茜	Chan-hom 灿鸿	Namtheun 南川	Pakhar 帕卡	老挝
Bebinca 贝碧嘉	Peipah 琵琶	Linfa 莲花	Malou 玛瑙	Sanvu 珊瑚	中国澳门
Rumbia 温比亚	Tapah 塔巴	Nangka 浪卡	Meranti 莫兰蒂	Mawar 玛娃	马来西亚
Soulik 苏力	Mitag 米娜	Soudelor 苏迪罗	Rai 雷伊	Guchol 古超	密克罗尼西亚
Cimaron 西马仑	Hagibis 海贝思	Molave 莫拉菲	Malakas 马勒卡	Talim 泰利	菲律宾
Jebi 飞燕	Neoguri 浣熊	Goni 天鹅	Megi 鲇鱼	Doksuri 杜苏芮	韩国
Mangkhut 山竹	Rammasun 威马逊	Atsani 艾莎尼	Chaba 暹芭	Khanun 卡努	泰国
Utor 尤特	Matmo 麦德姆	Etau 艾涛	Aere 艾利	Vicente 韦森特	美国
Trami 潭美	Halong 夏浪	Vamco 环高	Songda 桑达	Saola 苏拉	越南

注：* 根据 2012 年 2 月 6—11 日在浙江杭州举行的 ESCAP/WMO 台风委员会第 44 届会议的决议，“Rai”取代“凡亚比”(FANAPI)成为台风命名表中的新成员，经与中国香港天文台、中国澳门地球物理暨气象局和我国台湾地区气象部门协商，一致同意“Rai”的中文译名为“雷伊”。

附录三　西北太平洋和南海热带气旋名称的意义

第一列			
英文名	中文名	名字来源	意义
Damrey	达维	柬埔寨	大象
Haikui	海葵	中国	一种形状如花朵的海洋动物
Kirogi	鸿雁	朝鲜	一种候鸟，在朝鲜秋来春去，和台风的活动很相似
Kai-tak	启德	中国香港	香港旧机场名
Tembin	天秤	日本	天秤星座
Bolaven	布拉万	老挝	高原
Sanba	三巴	中国澳门	澳门旅游名胜
Jelawat	杰拉华	马来西亚	一种淡水鱼
Ewiniar	艾云尼	密克罗尼西亚	传统的风暴神(Chuuk 语)
Maliksi	马力斯	菲律宾	快速
Gaemi	格美	韩国	蚂蚁
Prapiroon	派比安	泰国	雨神
Maria	玛莉亚	美国	女士名(Chamarro 语)
Son-Tinh	山神	越南	山神
Bopha	宝霞	柬埔寨	花名
Wukong	悟空	中国	孙悟空
Sonamu	清松	朝鲜	一种松树，能扎根石崖，四季常绿
Shanshan	珊珊	中国香港	女孩名
Yagi	摩羯	日本	摩羯星座
Leepi	丽琵	老挝	老挝南部最美丽的瀑布
Bebinca	贝碧嘉	中国澳门	澳门牛奶布丁
Rumbia	温比亚	马来西亚	棕榈树
Soulik	苏力	密克罗尼西亚	传统的 Pohnpei 酋长头衔
Cimaron	西马仑	菲律宾	菲律宾野牛
Jebi	飞燕	韩国	燕子
Mangkhut	山竹	泰国	一种水果
Utor	尤特	美国	飑线(Marshalese 语)
Trami	潭美	越南	一种花

续表

第二列			
英文名	中文名	名字来源	意义
Kong-rey	康妮	柬埔寨	高棉传说中的可爱女孩
Yutu	玉兔	中国	神化传说中的兔子
Toraji	桃芝	朝鲜	朝鲜深山中的一种花,开花时无声无息不惹人注意,花能食用和入药
Man-yi	万宜	中国香港	海峡名,现为水库
Usagi	天兔	日本	天兔星座
Pabuk	帕布	老挝	大淡水鱼
Wutip	蝴蝶	中国澳门	一种昆虫
Sepat	圣帕	马来西亚	一种淡水鱼
Fitow	菲特	密克罗尼西亚	一种美丽芳香的花(Yapese 语)
Danas	丹娜丝	菲律宾	经历
Nari	百合	韩国	一种花
Wipha	韦帕	泰国	女士名字
Francisco	范斯高	美国	男子名(Chamarro 语)
Lekima	利奇马	越南	一种水果
Krosa	罗莎	柬埔寨	鹤
Haiyan	海燕	中国	一种海鸟
Podul	杨柳	朝鲜	一种在城乡均有种植的树,闷热天气时人们喜欢在其树荫下休息聊天
Lingling	玲玲	中国香港	女孩名
Kajiki	剑鱼	日本	剑鱼星座
Faxai	法茜	老挝	女士名字
Peipah	琵琶	中国澳门	一种在澳门受欢迎的宠物鱼
Tapah	塔巴	马来西亚	一种淡水鱼
Mitag	米娜	密克罗尼西亚	女士名字(Yap 语)
Hagibis	海贝思	菲律宾	褐雨燕
Neoguri	浣熊	韩国	狗
Rammasun	威马逊	泰国	雷神
Matmo	麦德姆	美国	大雨
Halong	夏浪	越南	越南一海湾名

续表

第三列			
英文名	中文名	名字来源	意义
Nakri	娜基莉	柬埔寨	一种花
Fengshen	风神	中国	神话中的风之神
Kalmaegi	海鸥	朝鲜	一种海鸟
Fung-wong	凤凰	中国香港	山峰名
Kammuri	北冕	日本	北冕星座
Phanfone	巴蓬	老挝	动物
Vongfong	黄蜂	中国澳门	一种昆虫
Nuri	鹦鹉	马来西亚	一种蓝色冠羽的鹦鹉
Sinlaku	森拉克	密克罗尼西亚	传说中的 Kosrae 女神
Hagupit	黑格比	菲律宾	鞭子
Jangmi	蔷薇	韩国	花名
Mekkhala	米克拉	泰国	雷天使
Higos	海高斯	美国	无花果(Chamarro 语)
Bavi	巴威	越南	越南北部一山名
Maysak	美莎克	柬埔寨	一种树
Haishen	海神	中国	神话中的大海之神
Noul	红霞	朝鲜	红色的天空
Dolphin	白海豚	中国香港	生活在香港水域的中华白海豚,亦是香港的吉祥物
Kujira	鲸鱼	日本	鲸鱼座
Chan-hom	灿鸿	老挝	一种树
Linfa	莲花	中国澳门	一种花
Nangka	浪卡	马来西亚	一种水果
Soudelor	苏迪罗	密克罗尼西亚	传说中的 Pohnpei 酋长
Molave	莫拉菲	菲律宾	一种常用于制造家具的硬木
Goni	天鹅	韩国	一种鸟
Atsani	艾莎尼	泰国	闪电
Etau	艾涛	美国	风暴云(Palauan)
Vamco	环高	越南	越南南部一河流

续表

第四列			
英文名	中文名	名字来源	意义
Krovanh	科罗旺	柬埔寨	一种树
Dujuan	杜鹃	中国	一种花
Mujigae	彩虹	朝鲜	天空中的彩虹
Choi-wan	彩云	中国香港	天上的云彩
Koppu	巨爵	日本	巨爵星座
Champi	蔷琵	老挝	一种花
In-Fa	烟花	中国澳门	烟花
Melor	茉莉	马来西亚	一种花
Nepartak	尼伯特	密克罗尼西亚	著名的勇士(Kosrae 语)
Lupit	卢碧	菲律宾	残酷
Mirinae	银河	韩国	宇宙的银河
Nida	妮妲	泰国	女士名字
Omais	奥麦斯	美国	漫游(Palauan 语)
Conson	康森	越南	古迹
Chanthu	灿都	柬埔寨	一种花
Dianmu	电母	中国	神话中的雷电之神
Mindulle	蒲公英	朝鲜	一种小黄花,春天开放,蒲公英属,是朝鲜妇女淳朴识礼的象征
Lionrock	狮子山	中国香港	香港一座远眺九龙半岛的山峰名称
Kompasu	圆规	日本	圆规星座
Namtheun	南川	老挝	河
Malou	玛瑙	中国澳门	玛瑙
Meranti	莫兰蒂	马来西亚	一种树
Rai	雷伊	密克罗尼西亚	密克罗尼西亚群岛上的石头货币
Malakas	马勒卡	菲律宾	强壮,有力
Megi	鲇鱼	韩国	鱼
Chaba	暹芭	泰国	热带花
Aere	艾利	美国	风暴(Marshalese 语)
Songda	桑达	越南	越南西北部一河

续表

第五列			
英文名	中文名	名字来源	意义
Sarika	沙莉嘉	柬埔寨	啼鸟
Haima	海马	中国	一种鱼
Meari	米雷	朝鲜	回波
Ma-on	马鞍	中国香港	山峰名
Tokage	蝎虎	日本	蝎虎星座
Nock-ten	洛坦	老挝	鸟
Muifa	梅花	中国澳门	一种花
Merbok	苗柏	马来西亚	一种鸟
Nanmadol	南玛都	密克罗尼西亚	著名的 Pohnpei 废墟
Talas	塔拉斯	菲律宾	锐利
Noru	奥鹿	韩国	狍鹿
Kulap	玫瑰	泰国	一种花
Roke	洛克	美国	男子名(Chamarro 语)
Sonca	桑卡	越南	一种会唱歌的鸟
Nesat	纳沙	柬埔寨	渔夫
Haitang	海棠	中国	花
Nalgae	尼格	朝鲜	有生气，自由翱翔
Banyan	榕树	中国香港	一种树
Washi	天鹰	日本	天鹰星座
Pakhar	帕卡	老挝	生长在湄公河下游的一种淡水鱼
Sanvu	珊瑚	中国澳门	一种水生物
Mawar	玛娃	马来西亚	玫瑰花
Guchol	古超	密克罗尼西亚	一种香料(调味品)(Yapese 语)
Talim	泰利	菲律宾	明显的边缘
Doksuri	杜苏芮	韩国	一种猛禽
Khanun	卡努	泰国	泰国水果
Vicente	韦森特	美国	女士名(Chamarro 语)
Saola	苏拉	越南	越南最近发现的一种珍贵动物

附录四　台风预警报服务工作流程

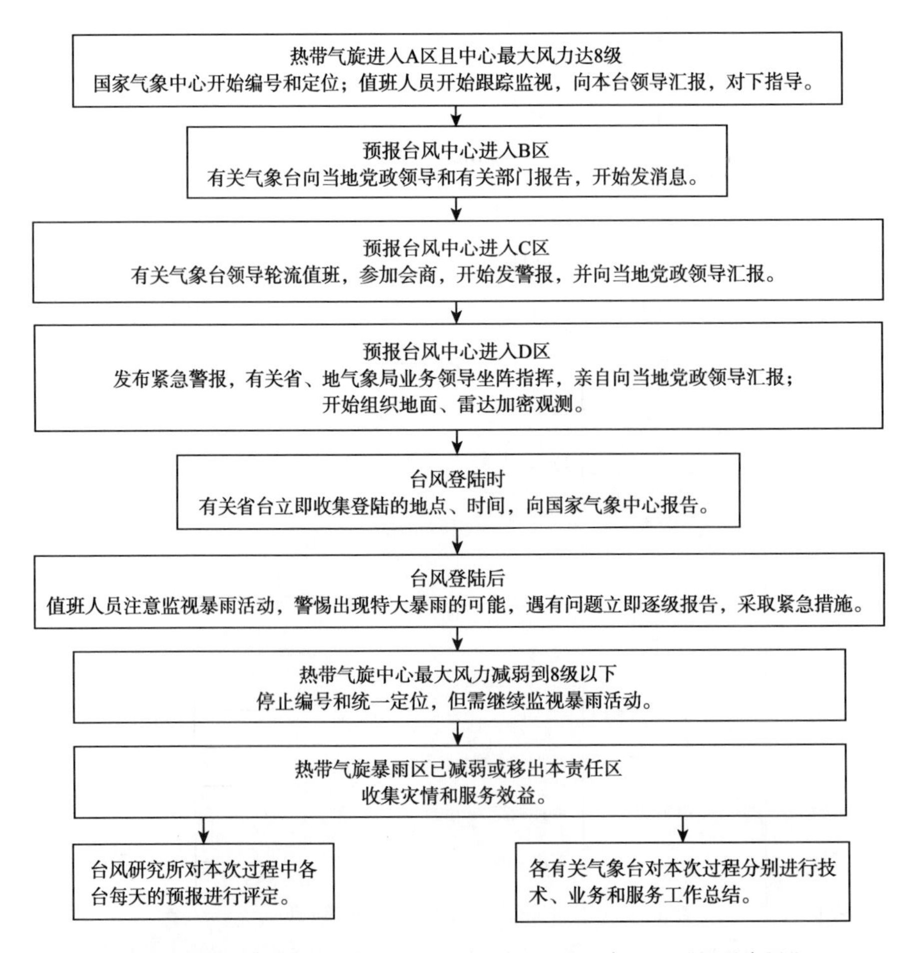

注：①表中“台风”均包括“热带风暴”、“强热带风暴”、“台风”、“强台风”和“超强台风”。

②分区：A 区：经度 180°以西、0°以北至 B 区之间；B 区：国家气象中心的警报发布区区界至 48 h 警戒线之间；C 区：48 h 警戒线与 24 h 警戒线之间；D 区：24 h 警戒线至海岸线之间。

附录五　台风业务工作卡

说　明

这里介绍的台风分析预报业务工作卡，是国家气象中心于 2007 年按照 1983 年 3 月和 2007 年 3 月世界气象组织出版的“台风业务手册(TOM)”规定的工作流程，结合以往台风分析预报实践设计的。工作卡标注了台风业务中所需执行的各项工作，使值班工作有条不紊地进行。各气象台可结合本台业务工作情况参考使用。

台风形成判断工作卡中，所列 18 条判据是 TOM 中规定的，各级气象台可结合本台的经验做增减调整。台风定位工作卡和强度确定工作卡，可按每次定位、定强度时实际获得资料情况分析填写，其中卫星云图分析方法可参考中央气象台和中国科学院大气物理研究所编著的《同步地球静止气象卫星云图预报台风的方法》和在《气象科技》1984 年第 2 期 34～43 页中介绍的 Dvorak 方法。台风路径预报工作卡和强度预报工作卡可结合各气象台的经验使用，其中客观方法可根据实际得到的气候持续性方法、数值预报方法、统计动力方法和各种统计方法结果填写，然后综合分析作出预报。

表 1　台风形成判断工作卡

编号________名称

项目 ＼ 日时												
地面分析	1	气压是否<1000 hPa?										
	2	24 h 降压是否>5 hPa?										
	3	地面平均风速是否≥10 m/s?										
海温	扰动附近大范围海面温度是否≥26°C?											
高空分析	1	低空是否有一个很大的正相对涡度区?										
	2	在扰动上空是否存在或将有一个天气尺度的高空辐散区?										
	3	局地风速垂直切变(200～850 hPa)是否<15 mile/h?										
	4	扰动上空高层(300 hPa)是否有反气旋和暖中心建立或发展?										
	5	在 1000～600 hPa 层平均混合比是否>8 g/kg?										
	6	湿空气是否自低纬流入并且在 850 hPa 扰动区有一定范围的有组织气旋环流?										

续表

项目＼日时												
卫星云图分析	1	是否维持 12 h 或其以上时间？										
	2	C_b/C_i 覆盖直径是否≥3 纬距？										
	3	云系中心直径是否≤2.5 纬距？										
	4	是否有涡状云型？										
	5	是否有来自低纬的输入云带？										
	6	是否有反气旋或卷云弯曲？										
雷达分析	1	是否有弯曲回波？										
	2	是否有螺旋云带？										
	3	是否有眼？										
符合条件的总项数												

注意：1. 判断：每一项判断若符合用“√”表示；不符合用“×”表示；无法判断用“？”表示。

2. 结论：①若有两条或不足两条符合，则无热带风暴形成；

②若有三条符合，则热带风暴将形成；

③若有四条或其以上符合，则热带风暴已经形成。

表 2　台风定位工作卡

编号________名称

项目＼经度＼纬度＼时日														
			N	E	N	E	N	E	N	E	N	E	N	E
外推法														
卫星云图方法														
地面分析	1	圆心法												
	2	气压廓线法												
	3	入流角法												
	4	陆地地面图分析												
飞机	日时													
	涡旋位置													
雷达分析	站名	日时												
		位置												
	站名	日时												
		位置												
	站名	日时												
		位置												
外台意见														
最后定位														

表 3　台风强度确定工作卡

编号＿＿＿名称＿＿＿

<table>
<tr><td colspan="4" rowspan="2">项目 ＼ 日时</td><td></td><td></td><td></td></tr>
<tr><td></td><td></td><td></td></tr>
<tr><td rowspan="17">卫星云图(Dvorak)方法</td><td>2A. B</td><td colspan="2">弯曲云带式切变型—使用螺旋弧长确定资料 T 指数(DT)</td><td></td><td></td><td></td></tr>
<tr><td rowspan="5">2C</td><td rowspan="2">(a)</td><td>眼　(VIS)眼嵌入距离</td><td></td><td></td><td></td></tr>
<tr><td>(EIR)眼周围温度</td><td></td><td></td><td></td></tr>
<tr><td rowspan="3">(b)</td><td>由规则定　E_{NO}</td><td></td><td></td><td></td></tr>
<tr><td>由眼清晰度定　E_{Adi}</td><td></td><td></td><td></td></tr>
<tr><td>中心特征指数　$CF=E_{NO}+E_{Adi}$</td><td></td><td></td><td></td></tr>
<tr><td>2D</td><td colspan="2">由中心密闭云区(CDO)大小确定 CF</td><td></td><td></td><td></td></tr>
<tr><td>2E</td><td colspan="2">嵌入中心用(EIR)周围温度确定 CF</td><td></td><td></td><td></td></tr>
<tr><td></td><td colspan="2">资料 T 指数 DT=CF+BF(带状特征指数)</td><td></td><td></td><td></td></tr>
<tr><td>3</td><td colspan="2">中心冷覆盖云　由规定确定 T 指数</td><td></td><td></td><td></td></tr>
<tr><td>4</td><td colspan="2">过去 24 h 发展趋势确定发展(D)/减弱(W)/稳定(S)</td><td></td><td></td><td></td></tr>
<tr><td>5</td><td colspan="2">模式期望 T 指数 MET</td><td></td><td></td><td></td></tr>
<tr><td>6</td><td colspan="2">云型 T 指数 PT</td><td></td><td></td><td></td></tr>
<tr><td>7. 8</td><td colspan="2">确定最终 T 指数 FT</td><td></td><td></td><td></td></tr>
<tr><td>9</td><td colspan="2">现时强度指数 CI</td><td></td><td></td><td></td></tr>
<tr><td rowspan="2"></td><td colspan="2">中心最大风速(MSW)(m/s)</td><td></td><td></td><td></td></tr>
<tr><td colspan="2">中心最低海平面气压(MSLP)　(hPa)</td><td></td><td></td><td></td></tr>
<tr><td rowspan="6">中央气象台和中国科学院大气物理研究所卫星云图方法</td><td>1</td><td colspan="2">由眼的特征确定环流中心特征数Ⅰ</td><td></td><td></td><td></td></tr>
<tr><td>2</td><td colspan="2">由中心强对流云区大小确定中心强对流云区特征数Ⅱ</td><td></td><td></td><td></td></tr>
<tr><td>3</td><td colspan="2">由螺旋云带特征确定云带的带状特征数Ⅲ</td><td></td><td></td><td></td></tr>
<tr><td>4</td><td colspan="2">台风总强度指数　T=Ⅰ+Ⅱ+Ⅲ</td><td></td><td></td><td></td></tr>
<tr><td>5</td><td colspan="2">台风中心最大风速　(m/s)</td><td></td><td></td><td></td></tr>
<tr><td>6</td><td colspan="2">台风中心最低气压　(hPa)</td><td></td><td></td><td></td></tr>
<tr><td rowspan="5">雷达观测</td><td>1</td><td colspan="2">眼区清晰还是模糊？眼区缩小还是放大？</td><td></td><td></td><td></td></tr>
<tr><td>2</td><td colspan="2">眼区附近回波加强还是对流范围和回波强度衰减？</td><td></td><td></td><td></td></tr>
<tr><td>3</td><td colspan="2">是否有典型螺旋云带形成？</td><td></td><td></td><td></td></tr>
<tr><td>4</td><td colspan="2">层状回波是否增加？</td><td></td><td></td><td></td></tr>
<tr><td>5</td><td colspan="2">台风中心进入中纬度地区，回波是否变成逗点形或 λ 形状？</td><td></td><td></td><td></td></tr>
<tr><td rowspan="3">地面图</td><td>1</td><td colspan="2">根据中心气压时间变化曲线外推强度(hPa)</td><td></td><td></td><td></td></tr>
<tr><td>2</td><td colspan="2">根据气压廓线法确定强度(hPa)</td><td></td><td></td><td></td></tr>
<tr><td>3</td><td colspan="2">地面图分析</td><td></td><td></td><td></td></tr>
<tr><td colspan="2">经验风压关系估计</td><td colspan="2"></td><td></td><td></td><td></td></tr>
<tr><td colspan="2" rowspan="3">飞机探测</td><td colspan="2">日　时</td><td></td><td></td><td></td></tr>
<tr><td colspan="2">中心最大风速　(m/s)</td><td></td><td></td><td></td></tr>
<tr><td colspan="2">中心最低气压　(hPa)</td><td></td><td></td><td></td></tr>
<tr><td colspan="2" rowspan="2">最后确定</td><td colspan="2">中心最大风速　(m/s)</td><td></td><td></td><td></td></tr>
<tr><td colspan="2">中心最低气压　(hPa)</td><td></td><td></td><td></td></tr>
</table>

表 4　台风强度预报工作卡

编号______名称______

项目			日 / 时						
定量预报			由中心气压时间变化曲线外推 24 h 中心气压(hPa)						
定量预报	卫星云图		根据过去变化和现时强度外推强度指数(EI)						
定量预报	卫星云图		根据云型和环流特征修正得到(FI)						
定量预报	卫星云图		预报 CI 指数						
定量预报	卫星云图		预报中心最大风速(m/s)						
定量预报	卫星云图		预报中心海平面气压(hPa)						
定量预报	卫星云图		TI 以后的天数						
定性判断	衰弱不再加强	1	相对于环流中心风的分布是否变成非对称?						
定性判断	衰弱不再加强	2	海面温度是否≤26°C?						
定性判断	衰弱不再加强	3	是否有冷空气侵入台风低层?						
定性判断	衰弱不再加强	4	台风是否转向或将要转向(移近中纬度高空西风带)?						
定性判断	衰弱不再加强	5	海上眼区附近雷达回波对流范围和回波强度是否衰减?						
定性判断	衰弱不再加强	6	云图或雷达显示眼是否变模糊且眼区变大?						
定性判断	衰弱不再加强	7	雷达层状回波是否增加?						
定性判断	衰弱不再加强	8	台风中心进入中纬度地区,雷达回波是否变成逗点形状或λ形状?						
定性判断	衰弱不再加强								
定性判断	衰弱不再加强								
定性判断	加强或少变	1	云图或雷达显示眼是否变小且更为清晰?						
定性判断	加强或少变	2	相对于环流中心风的分布是否更对称?						
定性判断	加强或少变	3	近中心对流层低层气温是否升高?						
定性判断	加强或少变	4	海面温度是否≥26°C?						
定性判断	加强或少变	5	低纬是否有明显的输入云带卷入?						
定性判断	加强或少变	6	眼区附近雷达回波是否加强?						
定性判断	加强或少变								
定性判断			最后判断(减弱、加强、少变)						
外台预报意见									
外台预报意见									
外台预报意见									
最终预报意见			中心最大风速(m/s)						
最终预报意见			中心最低气压(hPa)						

注:雷达观测台风生命周期。a. 形成阶段:气压变化率可能波动而且风速分布可能非对称分布;b. 发展阶段:气压下降量随时间增大,最大风速的加强比强风带的扩展要显著;c. 成熟阶段:台风处于准稳定状态,中心气压和最大风速只有随机波动,但强风带仍然扩大;d. 削弱阶段:气压和风速场分布的非对称性越来越显著。

附录六　全国投入运行沿海新一代雷达站号表

（2010 年年底）

省(区、市)	站名、区站号
广西	南宁(Z9771)、柳州(Z9772)、河池(Z9778)、百色(Z9776)、桂林(Z9773)
广东	广州(Z9200)、韶关(Z9571)、阳江(Z9662)、梅州(Z9753)、汕头(Z9754)、湛江(Z9759)、深圳(Z9755)
海南	西沙(Z9071)、海口(Z9898)
福建	建阳(Z9599)、龙岩(Z9597)、福州(Z9591)、厦门(Z9592)
浙江	宁波(Z9574)、温州(9577)、杭州(Z9571)、金华(Z9579)、舟山(Z9580)
上海	上海(Z9210)、青浦(Z9002)
江苏	南京(Z9250)、连云港(Z9518)、徐州(Z9516)、南通(Z9513)、盐城(Z9515)、常州(Z9519)
山东	滨州(Z9543)、临沂(Z9539)、泰山(Z9538)、青岛(Z9532)、烟台(Z9535)、济南(Z9531)
天津	天津(Z9220)
河北	石家庄(Z9311)、秦皇岛(Z9335)、张家口(Z9313)、承德(Z9314)
辽宁	营口(Z9417)、大连(Z9411)、沈阳(Z9240)、朝阳(Z9421)
安徽	合肥(Z9551)、阜阳(Z9558)、马鞍山(Z9555)、蚌埠(Z9552)、黄山(Z9559)、安庆(Z9556)
江西	南昌(Z9791)、吉安(Z9796)、赣州(Z9797)、九江(Z9792)、上饶(Z9793)
河南	三门峡(Z9398)、濮阳(Z9393)、郑州(Z9371)、驻马店(Z9396)、南阳(Z9377)、商丘(Z9370)
湖北	武汉(Z9270)、荆州(Z9716)、宜昌(Z9717)、恩施(Z9718)、十堰(Z9719)、随州(Z9722)
湖南	长沙(Z9731)、常德(Z9736)、怀化(Z9745)、永州(Z9746)、岳阳(Z9730)
云南	昆明(Z9871)、德宏(Z9692)、昭通(Z9870)、文山(Z9876)、普洱(Z9879)、丽江(Z9888)

附录七　台风客观预报方法规格书

1. 国家气象中心台风数值预报模式(TMBJ-1)规格书

（国家气象中心）

一、技术原理

国家气象中心台风路径数值预报模式是全球谱模式。水平方向 213 波三角截断，垂直方向为混合坐标 31 层。模式物理过程主要包括：积云对流参数化方案，垂直和水平扩散方案，地表物理过程，大尺度凝结以及辐射参数化方案等。

模式初值中的涡旋初始化采用涡旋重定位技术和人造涡旋技术：在台风第一次编报时采用人造涡旋技术，而在随后的同化预报中将背景场已经存在的涡旋从背景场中分离出来加入到观测位置，也即涡旋重定位技术。

二、预报范围

台风模式负责预报西北太平洋以及南海、东海海域的台风。

三、预报时次与时效

每天 4 次：北京时 02 时，08 时，14 时和 20 时，发布 120 h 预报。

四、起报条件

中央气象台开始编号，有相应的台风报文则开始起报，系统检索到报文后自动启动，自动编报、发送，并输出预报路径图。

五、发报时间

每天 4 次：北京时 05 时，09 时，16 时，21 时

六、近三年预报误差

年份	24 h 预报误差(km)	48 h 预报误差(km)	72 h 预报误差(km)
2008	144	274.8	468.2
2009	136.3	256.8	398.1
2010	124.7	255	393.1

2. GRAPES_TCM 台风数值预报(SGTM)规格书

（中国气象局上海台风研究所）

一、技术原理

GRAPES_TCM 基于 GRAPES(Global/Regional Assimilation and PrEdiction System)结合台风预报的特点，从而建立的西北太平洋及我国南海台风数值预报模式系统。GRAPES 是一个多尺度统一动力模式框架，水平分辨率可调的非静力模式，其动力框架有其自身特点。时

间差分方案采用半隐式—半拉格朗日差分方案，较之欧拉显式时间差分方案，该方案可以取较长的时间步长，理论上的时间步长几乎不受 CFL 计算稳定度的限制。模式在水平方向采用等经—纬度格点和 Arakawa-C 格式变量跳点分布设置，以及二阶经度的中央差分格式。垂直方向的离散则采用有助于提高垂直气压梯度力运算精度的 Charney-Phillips 垂直隔层变量放置，另外，还有全球/有限区域多尺度通用、兼有自然高度坐标性质的高度地形追随坐标、克服球面坐标下高纬度地区拉格朗日轨迹计算误差的三维矢量离散等特点。

GRAPES_TCM 在垂直方向取 31 层，模式的层顶设计为 31 km，水平取经纬度网格，格距为 0.25°×0.25°。预报区域为 90°～170°E，0°～50°N。选择的物理过程参数化方案为：对流参数化采用 Kain-Fritsch 方案、边界层方案采用大涡闭合方案（MRF 方案）、微物理过程运用 NCEP 3-class 简单冰相方案、陆气通量的计算采用整体方案，同时采用了 Duhia 短波辐射和 RRTM 长波辐射方案。初始涡旋采用了一种新的涡旋生成方案，利用模式自身积分得到的涡旋场作为预报的初始台风涡旋。

二、预报范围

对所有中央气象台编号的西北太平洋台风，从开始编号起即开始预报。每次预报时模式区域中心取在台风当前位置左上。水平分辨率 0.25°×0.25°，水平格点数取为 321×201。

三、预报时次

每天 4 次：北京时 02 时，08 时，14 时和 20 时。

四、起报条件

中央气象台开始编号，有相应的台风报。

五、发报时间

每天 4 次：北京时 05 时，09 时，16 时，21 时。

六、近三年预报误差

年份	24 h 预报误差(km)	48 h 预报误差(km)
2008	158.9	332.9
2009	174.1	298.9
2010	118.7	252.2

3. 概率圆法台风路径决策预报(JSPC)规格书

（江苏省气象台）

一、技术原理

采取以各家历史上路径预报误差概率圆为依据的客观最佳路径集成决策方案。

二、性能特点

该方法以各家台风路径预报点，配合各家历史上各预报时次的统计误差作为概率圆（以可能出现频率最高的误差距离为半径）。然后应用微机像素提取技术求得各家概率圆叠加层次最多区域的几何中心作为该时次的决策修正参考点，它的可能误差应为最小。从而反演输出该点的经纬度值。

三、起报条件

要提供各家客观预报的台风路径历史误差，即可进入该方法参与决策最佳参考点。运行时将各家客观预报台风未来的位置(经纬度)输入，即可输出台风未来的最佳预报位置。

四、预报时效

根据客观预报提供的预报时效(12 小时，24 小时，48 小时，72 小时，…)均可作出决策预报。

五、发报时次

每天 0100 UTC，1300 UTC 预报两次

六、近三年预报误差

年份	24 h 预报误差(km)	48 h 预报误差(km)
2008	99.3	167.4
2009	100.4	431.2
2010	118.7	230.3

4. 辽宁台风数值预报模式(LNTCM)规格书

(中国气象局沈阳大气环境研究所)

一、技术原理

以 MM5V3 数值模式为基础建立的北上台风数值预报业务系统。模式选取可变的模式预报区域，当台风进入预报区域后，以日本台风报(若缺报则选用北京台风报)24 h 预报台风中心位置作为模式预报区域中心，台风离开预报区域后则恢复以辽宁为中心位置的模式预报区域中心。模式以 GFS(若缺报则以 T213)预报产品为侧边界和背景场，模式水平分辨率为 50 km，格点数 85×81。初始场同化资料包括地面观测：地面(SYNOP)、船舶、机场、自动站(AMS)；高空观测：测风、探空、飞机、SATOB(卫星探测风、云、表温、湿度和辐射资料)、SA-TEM(卫星探测高空气压、温度和湿度资料)。当台风在海上时采用了人造台风(Bogus)技术。模式物理过程选项为 GRELL 积云对流参数化方案、BLACKADAR 高分辨率 PBL 方案、DUDHIA 云辐射方案、Five-Layer Soil Model 地表方案。预报完成后自动从海平面气压场识别台风中心位置，绘制台风路径预报图并自动编发台风报。建立了台风路径预报自动评定系统，实时对距离偏差、角度偏差和速度偏差进行评定。

二、预报范围

预报范围为可变区域，对 20°N 以北，135°E 以西的台风，以台风为中心的 4250 km×4050 km的区域。

三、预报时次与时效

系统每天运行两次，北京时 08 时和 20 时，制作未来 48 h 预报。

四、起报条件

当台风进入 20°N 以北，135°E 以西时，开始起报。

五、发报时次

每天两次：北京时 17 时和 05 时之前。

六、近三年预报误差

年份	24 h 预报误差(km)	48 h 预报误差(km)
2008	117.4	198.5
2009	108.7	125.0
2010	147.2	246.7

5. 中国南海台风模式(TRAMS)规格书

(中国气象局广州热带海洋气象研究所)

一、技术原理

南海区域台风数值预报模式(TRAMS)是基于 GRAPES_TMM(Tropical Monsoon Model),原始方程有限区非静力模式,垂直方向上采用高度地形追随坐标,水平方向为规则经、纬网格,采用 Arakawa_C 型跳点网格,模式采用半隐半拉格朗日积分方案,水平分辨率 0.36°,垂直方向分 31 层。模式物理过程主要有:积云对流参数化、微物理、陆面、边界层以及辐射过程参数化等。资料同化技术采用三维变分(GRAPES_3dv)。台风初值技术,主要是采用台风重定位技术和人造台风模型技术,通过三维变分和初值化方法引入数值模式。

二、预报范围

78.0°～163.7°E;5°S～49.0°N。

三、预报时次与时效

每日两次(00 UTC、12 UTC),分别发布 24、48、72 h 预报。

四、起报条件

编号台风进入 85.0°E 以东,160.0°E 以西,0.0°N 以北,50.0°N 以南范围时,模式开始启动台风预报,发布预报产品,发报名字 GZTM。

五、近三年预报误差

年份	24 h 预报误差(km)	48 h 预报误差(km)
2008	163.1	272.8
2009	110.7	206.8
2010	124.9	220.1

6. 上海台风数值预报模式(SHTM)规格书

(中国气象局上海台风研究所)

一、技术原理

由于海上观测资料的缺乏,台风的环流不能从观测资料中反映出来,因此要在较高分辨率的资料场中反映出台风的本体环流,人造台风(BOGUS 台风)还是不可替代的,SHTM(上海台风数值预报模式)采用了 BDA(BOGUS 资料同化)方案。该方案不用直接把背景场中不准确的涡旋滤掉，而是将模式作为约束，BOGUS 涡旋变量作为观测，用四维变分资料同化方法在动力调整过程中使其与背景场达到最佳融合，进而取代原有的不准确涡旋，同时保证了与模式有较好的协调性。在 BDA 技术中，BOGUS 涡旋海平面气压场由 Fujita 经验公式得到。

二、预报范围

对所有中央气象台编号的西北太平洋台风，从开始编号起即开始预报。每次预报时模式区域中心取在台风当前位置左上。水平分辨率 45 km×45 km，水平格点数取为 115×115。

三、预报时次

每天 4 次：北京时 02 时、08 时、14 时和 20 时。

四、起报条件

中央气象台开始编号，有相应的台风报。

五、发报时间

每天四次：北京时 04 时、10 时、16 时和 22 时。

六、近三年预报误差

年份	24 h 预报误差(km)	48 h 预报误差(km)
2008	148.6	301.2
2009	153.0	316.0
2010	148.8	295.2

7. 西北太平洋台风强度气候持续性预报(TCSP)规格书

（中国气象局上海台风研究所）

一、技术原理

根据气候持续法原理选取起报时刻纬度、起报时刻经度、起报时刻风速、起报时刻与前 12 h的纬度差、起报时刻与前 12 h 的经度差、起报时刻与前 12 h 的风速差、起报时刻与前 24 h 的纬度差、起报时刻与前 24 h 的经度差和起报时刻与前 24 h 的风速差共 9 个因子。使用逐步回归方法分月建立 0～72 h(间隔 12 h)台风强度气候持续法的预报方程。

二、预报范围

西北太平洋区域(包括陆地)。

三、预报时段

5—10 月。

四、预报时次

每天 4 次：北京时 02 时、08 时、14 时和 20 时。

五、起报条件

预报时段内进入预报区域的编号台风。

六、发报时次

每天 4 次，起报时间之后 3 h 内发出。

七、近几年预报误差

预报时效(h)		12	24	36	48	60	72
2008 年	样本数	295	284	265	241	172	154
	平均绝对误差(m/s)	3.4	5.7	7.1	8.0	7.5	7.8
	趋势一致率(%)	64.8	73.6	78.5	82.6	84.3	83.1
2009 年	样本数	446	423	393	363	257	227
	平均绝对误差(m/s)	3	5.1	6.2	6.8	6.7	6.9
	趋势一致率(%)	58.5	61.7	70.5	73.3	73.5	77.1
2010 年	样本数	225	214	202	184	125	106
	平均绝对误差(m/s)	3.9	6.6	8.2	9	9	9.3
	趋势一致率(%)	57.8	67.8	69.8	70.1	69.6	69.8

8. 西北太平洋台风强度统计预报(WIPS)规格书

（中国气象局上海台风研究所）

一、技术原理

在气候持续法原理的基础上，考虑数值模式的分析场，用逐步回归分析方法分海区建立的12～72 h(间隔 12 h)台风强度统计预报方法(WIPS)。建模时考虑了台风当前时刻的位置强度及前期的位置强度变化、当前天气因子和当前及台风可能影响区域海温情况，但未考虑登陆的影响。实时预报系统使用的台风路径预报参考中央气象台官方预报。

二、预报范围

西北太平洋海域。

三、预报时段

全年。

四、预报时次

每天两次：北京时 08 时和 20 时。

五、起报条件

预报时段内进入预报区域的编号台风。

六、发报时次

每天两次，起报时间之后 6 h 内发出。

七、近几年预报误差

预报时效(h)		12	24	36	48	60	72
2008 年	样本数	109	101	77	70	58	53
	平均绝对误差(m/s)	3.8	5.8	7.7	8.5	9.4	9.6
	趋势一致率(%)	60.6	69.3	72.7	72.9	69.0	69.8
2009 年	样本数	205	184	171	160	137	121
	平均绝对误差(m/s)	3.4	5.1	7.9	8.9	8.5	9.6
	趋势一致率(%)	60.0	67.9	69.6	74.4	76.6	71.1

续表

预报时效(h)		12	24	36	48	60	72
2010年	样本数	92	77	63	58	53	46
	平均绝对误差(m/s)	3.9	4.9	7.0	8.7	8.2	10.7
	趋势一致率(%)	66.3	84.4	82.5	77.6	73.6	73.9

9. 南海区域台风路径(强度)遗传神经网络预报(ANNGA)规格书

(广西壮族自治区气象局)

一、技术原理

采用进化计算的遗传算法和人工神经网络相结合的原理和方法,提出用遗传算法的全局优化搜索能力,同时优化神经网络的连接权和网络结构的新方法,作为台风客观预报工具建模的数学方法,并进一步创新设计了在遗传进化算法中,采用当进化到一定代数后,在每一代中保留适应度最大的遗传个体的遗传操作策略,以提高获得全局最优解的概率。同时,针对目前国内外普遍使用的台风移动路径气候持续法预报技术在建立预报模型时,均采用逐步回归分析方法来组建预报模型,而没有有效考虑入选预报方程的各预报因子之间可能存在的复共线性关系对预报方程的稳定性和预报效果的影响问题,提出了采用条件数计算分析方法,对众多气候持续预报因子进行计算分析,选择复共线性关系小的预报因子组合来建立南海台风移动路径和强度的预报模型,以提高台风强度和路径的预报精度。

二、预报范围

123°E以西,10°~23.5°N。

三、预报时次与时效

每日两次(00 UTC、12 UTC),分别发布24、48 h预报。

四、起报条件

6—9月份编号台风进入预报范围,并在进入范围以前,台风的定位资料要有前24 h(4个时次)的定位资料。

五、近三年预报误差

年份	路径(km)		强度(m/s)	
	24 h	48 h	24 h	48 h
2008	105.7	260.2	3.36	4.53
2009	158.9	348.0	3.52	6.42
2010	112.2	190.1	4.46	5.00

10. 西北太平洋台风路径客观集成预报(STC)规格书

（中国气象局上海台风研究所）

一、技术原理

选用上海台风研究所台风数值预报模式、上海台风研究所 GRAPES_TCM 台风数值预报、国家气象中心台风模式及日本数值用模式的路径预报结果进行组合。组合的原理是利用典型相关分析方法，提取与实际位置典型相关系数最大的 4 种预报位置的整体信息，用典型变量表示，然后再用此变量与观测值建立回归方程，取得集成预报结果。

二、预报范围

西北太平洋区域。

三、预报时次

每天两次：北京时 08 时，20 时。预报时效为 72 h(间隔 12 h)。

四、起报条件

中央气象台开始编号；至少有两种上述参加集成的子方法有预报结果。

五、发报时次

每天两次，北京时 05 时前发前一天 20 时预报，17 时前发当天 08 时预报。

六、近几年预报误差

年份	24 h		48 h		72 h	
	预报次数	平均距离误差(km)	预报次数	平均距离误差(km)	预报次数	平均距离误差(km)
2008	317	115.8	269	222.3		
2009	422	115.3	358	210.3	257	343.7
2010	197	94.5	166	160.3	13	269.7

11. 西北太平洋台风强度偏最小二乘回归气候持续预报(PLSC)规格书

（中国气象局上海台风研究所

南京大学大气科学学院中尺度灾害性天气教育部重点实验室）

一、技术原理

根据气候持续法原理选取起报时刻纬度、起报时刻经度、起报时刻风速、起报时刻与前 12 h 的纬度差、起报时刻与前 12 h 的经度差、起报时刻与前 12 h 的风速差、起报时刻与前 24 h 的纬度差、起报时刻与前 24 h 的经度差和起报时刻与前 24 h 的风速差共 9 个预报因子。采用偏最小二乘回归方法建立 12～120 h(间隔 12 h)台风强度气候持续法的预报模型。预报模型实时更新。

二、预报范围

西北太平洋区域(包括陆地)。

三、预报时段

全年。

四、预报时次

每天 4 次:北京时 02 时、08 时、14 时和 20 时。

五、起报条件

预报时段内进入预报区域的编号台风。

六、发报时次

每天 4 次,起报时间之后 3 h 内发出。

七、近几年预报误差

预报时效(h)		12	24	36	48	60	72	84	96	108	120
2008 年	样本数	370	355	330	299	269	241	214	188	162	136
	平均绝对误差(m/s)	3.5	5.9	7.6	8.5	8.7	8.4	10.6	9.9	9.6	9.1
	趋势一致率(%)	59.5	69.6	73.0	76.9	76.2	76.8	65.0	68.6	67.9	73.5
2009 年	样本数	480	455	421	388	315	355	286	256	223	192
	平均绝对误差(m/s)	3.2	5.5	7.2	7.9	8.0	8.3	8.2	8.0	7.7	7.0
	趋势一致率(%)	53.5	63.7	67.7	72.9	76.3	77.4	76.9	76.1	81.1	85.4
2010 年	样本数	231	218	204	184	165	146	126	105	84	65
	平均绝对误差(m/s)	3.7	6.4	8.4	9.3	9.6	10	10.1	10.4	10.5	10.4
	趋势一致率(%)	64.5	71.1	70.6	69.6	69.7	67.1	69.1	68.6	69.1	66.2